U0694948

有见识的姑娘
活得更高级

Jenny乔 著

天津出版传媒集团

天津人民出版社

图书在版编目（CIP）数据

有见识的姑娘，活得更高级 / Jenny 乔著 . — 天津 : 天津人民出版社，2018.8（2020.1 重印）

ISBN 978-7-201-13867-1

Ⅰ . ①有… Ⅱ . ① J… Ⅲ . ①女性－人生哲学－通俗读物 Ⅳ . ① B821-49

中国版本图书馆 CIP 数据核字 (2018) 第 161782 号

有见识的姑娘，活得更高级
YOU JIANSHI DE GUNIANG，HUO DE GENGGAOJI

出　　版　天津人民出版社
出 版 人　刘　庆
地　　址　天津市和平区西康路 33 号康岳大厦
邮政编码　300051
邮购电话　（022）23332469
网　　址　http://www.tjrmcbs.com
电子邮箱　reader@tjrmcbs.com

责任编辑　赵　艺

制版印刷　三河市金元印装有限公司
经　　销　新华书店
开　　本　880×1230 毫米　1/32
印　　张　9.5
字　　数　176 千字
版次印次　2018 年 8 月第 1 版　　2020 年 1 月第 3 次印刷
定　　价　39.80 元

目录

CONTENTS

第三章　人生拼的是效率，而不是时间

第四章　见识决定你和别人的差距

第五章　你的善良，也须有点情商

第六章　凡事认真的人，运气都不会太差

第一章

愿意改变，比改变更重要

每次努力，都有一种离成功越来越近的假象。而这种假象会让你一事无成。所以，努力不能变成一种做出来的姿态，而应成为一种坚持不懈的行动。

人生上半场多点认真，下半场才能活得轻松

人们常说，40 岁是人生的一条分界线。人生的上半场结束了，下半场即将拉开帷幕。比赛刚开始的时候，各种战略战术先试试看，反正自己有的是时间，不好用随时可以换。没想到，时间一晃来到了下半场，眼看着时间不多，才突然发现自己连对方的球门在哪儿都不知道。

于是，出现了中年危机。

社会学家做过一个调查，找了一群二十多岁的年轻人，让他们畅想自己 40 岁之后的生活。答案五花八门，唯一的共同点就是不靠谱。千万级的豪宅，躺着赚钱的工作，青春永驻的容颜和花不完的钱。

10 年后，研究人员进行了回访。同样的问题，答案却成了这样：希望自己不要被公司开除，物价不要上涨，儿女孝顺，不要没事总往医院跑……

后劲不足好像是人生的一种常态，年纪越大，底气越不足。

所以对生活的期待越来越低。想了也是白想，索性认命。

　　大表姐最瞧不上这种生活态度。每年春节的亲戚聚会上，当所有兄弟姐妹都在感叹，工资跟不上物价，运动跟不上长胖的时候，她总是骄傲地坐在一米开外的地方窃笑。奔四的她已然坐稳了销售总监的宝座，每年轻松完成任务。年末大家都求爷爷告奶奶地找客户的时候，她则带着女儿悠闲地坐在香榭丽舍大道上的咖啡店里。

　　这样的生活，没有人不羡慕吧。下半场还没开局，就已经锁定了胜局。

　　可是，谁也不知道，她的上半场是怎么过的。加班加点、低三下四，每天热脸贴着别人的冷屁股自然不必说，对自己的要求也一刻不放松。出去见客户，不能让自己形象太差，所以每天运动，坚持吃沙拉，生完小孩两个月不到就恢复了好身材。给娃喂奶的时候，桌上还放着书。

　　那时，她的很多女同事都劝她，反正已经结婚生子了，工作也稳定了，还这么拼命干什么。她没说话，心里却像明镜一样，一个人的前半生里藏着他后半生的样子。说得狠一点，人生其实只有前半场，你渴望的人生，期盼的幸福都在这一半的人生里。不是说不能后半程反败为胜，但如果你前半程没积累任何底气，你用什么发力？

　　上半场过得多懒散，下半场就有多凄惨。生活里的悲惨莫过于糊里糊涂过完前半生，再用后半生的时间后悔前半生的糊涂。好朋友曾经说过，命好不好，前半生拼爹妈，后半生靠自己。

研究显示：一个人80%的重要决定是在35岁以前做出的。这就意味着40岁之前，你的人生高度就已经被设定了。事业上，职业生涯的前十年决定了你未来的收入水平，也就决定了你在未来这个瞬息万变的世界里能有多少安全感。

经常有人说，即使走错路也没什么可怕的，我们随时都有转变轨道的机会。但事实上，你不在前半场想好自己的目标和策略，到了后半场只会手忙脚乱。30岁不是一个全新的20岁，40岁也不是一个全新的30岁。有些时间是不可取代的。

而对于爱情，很多年轻人说："我知道我的另一半对我不够好，但我还没想过结婚，我只是无聊、打发时间而已。"对于事业，他们说：二十多岁就是尝试，只要能在30岁的时候开始我的事业，这就足够了。"

可现实是，你到了30岁突然发现自己根本没有什么拿得出手的能力，又发现身边那些看得上眼的异性早已有了另一半，所以你只好随便抓住一个此时出现的人，只是为了摆脱30岁还没结婚的闲言碎语。下半场的悲剧都是你在上半场埋下的伏笔。

趁早创始人王潇曾经说过："女人最先衰老的从来不是容颜，而是那份不顾一切的闯劲。"她创立了"趁早"品牌，写了一本书叫《女人明白要趁早》。"趁早"，是一种行动，更是一种不放弃、不认命的自律心态。你无法预见生活里会出现怎样的困境，但你可以让自己准备好随时面对困境的能力。

西塞罗在《论老年》中有一段话说得漂亮："晚年的最佳保护铠甲是一段在它之前被悉心度过的生活。一段被用于追求有益的知识、光荣的功绩和高尚举止的生活。过着这种生活的人从青年时代就致力于提升自己，而且将会在晚年收获它们产生的最幸福的果实。"

人生被一分为二，前半生不荒废，后半生才能不后悔。人们常说，人生是一场马拉松，不在乎谁跑得快，重要的是谁的耐力好。这句话不知道成了多少人年轻时荒废时光的借口。你不是前半程跑得慢，而是根本跑不快。前半程不肯继续努力，骗自己慢慢来不着急，后半程就只能用来弥补曾经的荒废。

生活不会自己变好，你也不会随着年龄的增长突然变得聪明又有能力。好的人生是越活越轻松的，因为成功的人生根本不需要一路狂奔，只要你上半场足够勤奋努力，下半场就会比别人过得更轻松。

有质量的勤奋，才能成功得更快

　　天气越来越冷，我大部分时间都不运动了，偶尔去健身房跑跑步，几乎每次去都能看见一个姑娘，总是系着一条粉色发带。她的运动衣、紧身裤、训练鞋都很专业，一看就是健身房的常客。她喜欢做器械训练，很少见她跑步。有一次，我和她上同一节操课，不到 20 分钟，我和旁边的女孩都大汗淋漓。可那个姑娘却面不改色心不跳，我忍不住赞叹她体力真好。

　　每次我来的时候她就已经来了，我洗完澡离开的时候，她通常还在，听私教小哥说，她是一门心思要练马甲线，她练得很勤奋，几乎每天都来。

　　我想偷学几招，于是仔细观察了她几次，我才发现，原来她是来拍照的。推举两下，拍一张照。举几下哑铃，美图一下。而且几周下来，她划船器的磅数竟然没变过。

　　她让我想起上大学时的自己，没课的日子里早早地抱着电脑到图书馆，借了四五本厚厚的书，堆了满满一桌子，翻了两页，就忍不住打开网页开始乱翻，翻着翻着就发现了一部电视剧，抬头的时候已经快吃中午饭了。一天天，室友都感叹我怎么那么勤奋，结果我是最晚交论文的一个。

我悄悄问私教小哥她这么练有用吗，他无奈地摇摇头说，比那些来了两天就不来了的已经强多了。可能很多人觉得健身房的姑娘比上大学时假装读书的人好一点，毕竟运动这件事，做就比不做强。但真的如此吗？

和上大学时有大把的自由时间不同，大部分来这个健身房的人都是写字楼里的白领，他们为了健身都付出了不小的代价，不是午休不吃饭就是下班不回家，把这些原本可以用来读书精进、陪恋人看电影、参加朋友聚会的时间花在运动上，如果这种勤奋不是敷衍，而是认真去锻炼，确实很值，反之就很难锻炼出效果来，还浪费宝贵的时间。时间对于一个人的成本越来越高，同样敷衍的代价也就越来越大了。

上班族里有两类人受人追捧，特别聪明的和特别勤奋的。大部分人觉得自己成不了第一类，所以只能选择当第二种人。所以，办公室里不乏忙忙碌碌的身影，甚至经常有人在办公室待到深更半夜，第二天顶着一双熊猫眼出现在同事们面前。刚开始，还有不少人感叹，这些人好努力呀。渐渐地，所有人都麻木了，因为没见他做多少工作。

有一次，老板开会的时候都忍不住问，真的有那么多做不完的事吗？

答案显然是否定的，白天不是打电话聊天就是请同事喝咖啡，当然要加班工作。况且加班让你看起来那么勤奋，当办公室最后一个走的人会有一种虚假的满足感，每天告诉自己，我是最努力的一个。

这种心理上的舒适感，只是在浪费生命。总有一天你会发现，那些看似没你"拼命"又比你下班早的人，竟然比你走得更快更远。因为他们的工作很高效，又把省出的时间用在了更有意义的事情上。别人在进步，你却在消耗生命。

我很庆幸，自己遇上了这种好眼力的老板，不会按照下班时间早晚来评价一个人是不是努力。他希望自己的手下是懂得管理时间的人。

这个世界是不公平的，每个人的身世背景、智商情商都存在很大的差别。但有一样东西，对每个人来说都是一样，那就是时间。所以运用时间的能力，才是一个人真正的实力所在。重要的不是你用了多少时间去工作，而是能产生多少有价值的结果。

很多人都知道我喜欢读书写作，所以时不时就会有人来问我，读什么书好，怎么样能把文章写好，特别是自媒体的蓬勃发展，让每个人都向往那个漂亮的"10万+"。也有不少人发起了每天读书、写1000字的打卡活动。不过很多人还是抱怨，写了快 10 万字，还是没什么效果。

写作界有一句毒鸡汤：无论如何，先写 10 万字再说。所以越来越多的人把数字当成了衡量成果的标准。每天埋头写写写，却不关心自己写得到底怎么样。从来不把自己的文章给别人看，也从不好好地研究好文章的结构要素。

也有些人，每年要看很多书，写年度总结的时候，长长的书单看着都很惊悚。不过晒出来的确很有成就感，总能得到无数的赞，可是，你随便挑出一本和他探讨一下，就会发现，他什么也不知道。没有读书笔记，没有摘抄，更没有自己的观点。

每一个天才都是勤奋的，但不是每一个勤奋的人都能成为天才。有些无效的努力只会让你浪费精力。

盲目的努力有一种离成功越来越近的假象。而这种假象会让你一事无成。因为，有一天那些看起来勤奋的时光会变成无法弥补的辜负。

别说你努力，其实你什么也没做

最近，赵雷火了。我有个喜欢民谣多年的朋友，却对此不以为然，因为赵雷在民谣界已经火了很久，只是很多人从来不知道而已。

和身边的朋友同事聊起赵雷的时候，很多人都只听过那首《成都》，就那么短短五分钟，就喜欢上了他，甚至有个五音不全的"音乐盲"说自己听得热泪盈眶。

最近看了赵雷早期的专访，当时他住在北京郊区一间简陋的小平房里，虽然清贫，但却坚守着音乐的梦想。如今的他站在舞台上抱着吉他唱歌的样子很酷，可是过去他却在地下通道卖唱。提起他在酒吧卖唱的经历，他有点沮丧，面对那些不懂音乐的买醉人，我能想象那种失望和无奈。

2010 年，赵雷参加了《快乐男声》，进入全国 20 强，走进人们的视线，但还是惊鸿一瞥。自己做了一张唱片，发行了2000 张，赔了十几万元，靠着朋友的帮助和过去攒下的钱，在自己那间小平房里继续创作。

2017 年，他终于火了，大街小巷都是他的歌。

很多人喜欢他不是因为他多有才华，而是他让人们重新相信梦想原来不是胡思乱想。

前阵子一个读者跟我说自己从小就喜欢写作，小时候作文还得过奖。听说很多人靠写作月入五位数，她觉得自己有点天分，所以跃跃欲试。写了几个月，给几个平台投了稿，却屡屡受挫。有的编辑没怎么看就秒回她：你试试别家吧。

她有点沮丧，跟我吐槽说："身边那些努力工作的人都得到升迁的机会，那些有爱好的人都妥妥地成了斜杠青年，唯独我的努力，老天为何总看不见！"

我问她："你每天花多少时间写作？"

她说："我平时上班很忙，下班还经常去参加朋友聚会，到家差不多 9 点钟。折腾一下差不多 10 点钟，然后我就开始写作了。"

我保守估计，不算坐在电脑前看视频、刷网页的时间，她每天最多能有两个小时用来写作。按照格拉德威尔的"一万小时定律"，不考虑天赋因素，她至少需要十年的时间才能成为某个领域的专家。

你说自己很努力，但其实你什么也没做。你付出的那一点时间，只能叫作娱乐。

每次打开微信公众号平台，都能看到两行标语：再小的个体，也有自己的品牌。所以，出现了自媒体，继而掀起了写作热潮。看着别人的文章出现在各种大号上，轻轻松松地接了一个又一个广告，你并不知道，他们花了多少时间磨炼自己的文字。"先写十万字再说"不是敷衍，而是他们的亲身体验。

有时候，话说得再天花乱坠，真相依旧是残酷的，没有一种成功是轻而易举的。

在赵雷的专访里，记者问他："如何看待是金子哪里都会发光？"他低调地说："这个世界金子有很多。"

想来，喜欢唱民谣的人哪一个不是才华横溢、志向高远，可是像赵雷这样的人却没有几个，更多的人不是为了生计另谋出路，就是为了成名随波逐流。

每个人都说自己想成功，想让世界看见自己，想过上买东西不用看价钱的日子。但你有没有问过自己，到底有多想？

赵雷有一句话说得漂亮："有些人可以唱歌，有些人必须唱歌。"

就像《牧羊少年奇幻之旅》里说："那个叫作天命的东西，那个注定要让你为之奉献生命的东西，不会因为琐碎的生活而消失，它会不断地在你的心底涌现，直到有一刻你再也不能视而不见。如同贝壳中永远有大海的声音，因为这就是贝壳的天命。当你渴望某种东西时，整个宇宙都会合力助你实现愿望。"

我再说一个故事。

几年前，我刚开始写作的时候，听过某杂志签约作者的一节分享课，主题是写作技巧。他说话的口音很重，但讲课的内容条理分明，有理有据。我去翻了翻他的文章，很好看，总能把深刻的道理说得诙谐幽默，特别接地气。

我一直好奇他怎么有那么多生动有趣的素材。后来我才知道，他是个民工。以前，家里很穷，为了让弟弟妹妹读书，中学没毕业的他来北京打工赚钱。不过他一直喜欢读书写字。白天和工友聊天的时候收集故事的素材，晚上工友们呼呼大睡的时候，他一个人拿着手电筒写作。直到一次机缘巧合，在读书会上遇见了一个图书编辑。

年初，很多人都会给自己规划各种大大小小的目标和愿景，但苦了、累了或者没热情了，就统统抛到脑后，把梦想熬成了空想。

寿司之神小野二郎说："一旦你决定好职业，你就必须全心投入到工作中去，你必须爱自己的工作，千万不要有怨言，你必须穷尽一生磨炼技能，这就是成功的秘诀。"

厨神是怎样炼成的？他的徒弟这样说："你没学会拧毛巾，不可能碰鱼。然后你要学会用刀，过了十年之后，师父会教你煎蛋。我以为自己没问题，但真的开始煎蛋时却一直搞砸。三四个月里，我做了二百多个失败品。当我终于做出合格品时，二郎说，这才是应该有的样子。于是，我高兴得哭了。"

人们只看到最低 3 万日元的一顿寿司，却不知道这背后厨神付出了多少的努力。在这一点上，老天很公平。努力一定能成功，但不努力一定不会成功。

有人说，赵雷的成功只是因为他运气好，遇上了好机会和懂得欣赏他的人。但他的这种运气都是自己修来的。在那些风餐露宿的日子里，他有无数个放弃的理由，谁也不会责怪他没有坚持下去。但是他没有，所以这颗金子才有了今天发光的机会。而很多人的失败是因为命运还没下结论，他们自己就放弃了自己。

你不成功，不是命不好，而是你并没有拼尽全力。成功的路径有很多种，勤奋是最靠谱的一条。

你现在偷懒，将来会变成打脸的巴掌

前两天，在公司的休息室听见两个姑娘聊天，其中一个说起要不要去读个在职管理类课程，她最近刚升了职，工作一下子变得特别难搞，以前自己干活儿，把事儿干好就行。现在带团队，才发现管人可比管事难多了。就想学点管理。

她平时晚上或者周末上课，也不影响上班。虽然学费贵得要死，她得加班加点地干，争取多拿点奖金才行，但即便如此，她还是觉得这课应该上。看得出来，她是个上进的姑娘。

这时，坐在对面的另一个姑娘却笑呵呵地说："我教你啊。给我一半的钱就行。"说完，巴拉巴拉地给她推荐了一堆书，还一本一本地给她讲先读哪几本，后读哪几本。

原来，这姑娘上大学的时候就修过一个经管的双学位。那时的她也一定没想到，若干年后的今天，当年的那一点勤奋，今天竟然变得这么值钱。

想想头一个姑娘，起初我觉得她很拼、很努力，舍得花钱买知识。可仔细一想，书到用时方恨少，所谓勤奋，不过是用拼了命赚来的钱，为自己当初偷的懒买单。知识这东西，越晚学，越贵。

曾经听过一个故事：

在人生的路上，每个人都背负着一个沉重的十字架，在缓慢而艰难地前行。半路上，忽然有一个人停下来，说：如果十字架能短一点，我就能更舒服地背着它。于是，他自己把十字架砍掉了一截，果然走起路来，轻松了很多。

没过多久，他又觉得沉了，于是又停下来砍掉了一截。就这么一路走一路砍，看着周围背着沉重十字架的人，他心里窃喜，还毫不费力地走在队伍的最前面。直到他的面前出现了一道巨大的鸿沟，没有路，也没有桥，只有踩在十字架上才能过去。

所有人都用自己背了很久的又大又重的十字架跨过了鸿沟，只有他的十字架被砍得太短了，无法通过。人生就是这样，不走到绝路，不会知道自己过去受的苦多值钱。

这个故事如果放在今天，可能还有另一个解法：花钱。就像爬山，你历尽艰辛爬到山顶，要花四五倍的价钱买一瓶和山下一模一样的矿泉水，中间的那点差价就是你不想背着一瓶水爬山的懒。不是没远见，不需要的时候，谁也看不见未来的需要，只有那些站得高、看得远的人才能预见到，未来的某一天，有些东西会很值钱。

《哈佛凌晨四点半》里的一句话我印象很深："今天你瞌睡流下的口水，将成为明天流出的眼泪。"

想想确实如此，今天的我们，所谓的拼命努力，不过是在还过去偷懒欠下的债。

过去，图书馆里有那么多免费的书，我们视而不见，今天，却愿意花几千块买书喊着要勤奋；过去，学校操场上有那么好的空气和专业跑道，我们无比嫌弃，今天，却开着小轿车，花几千元钱去健身房发誓要努力。过去免费的，今天都很贵。单凭这一点觉悟上的差距，你就得乖乖交学费。努力要趁早，因为物价涨得太快。

很多人说，女人和孩子的钱最好赚。可是，和懒人比起来，女人和孩子绝对是不值一提的小客户。这个世界上，不知道有多少人是懒人养活的。不想出门，可以叫外卖。不想做家务，可以请小时工。超市里琳琅满目的商品，都是懒人必备，剥好的蔬菜、切好的水果、腌好的肉。现在人们习惯了花钱买时间，觉得节省下来的钱可以用来做更重要的事。

可是想想，是不是什么事都可以偷懒交给别人做呢？显然不是。有些懒就像欠债，利息越滚越大，直到有一天你发现，自己一辈子都还不起。

邻居家有个大姐，夫妻俩都是名校毕业，家庭和睦，事业有成，俨然一对人生赢家。唯一的苦恼就是今年上高二的孩子，不好好读书，沉迷游戏。眼看着明年就要高考了，大姐想尽各种办法，给孩子找家教，每天一放学就看着他，甚至不惜花重金把孩子送到专门的戒瘾学校，可还是一点用都没有。

妈妈每次说起这位大姐就各种感叹，教育孩子要是花钱那么简单，大概就不会有那么多人不想当父母了。

心理学研究早就告诉我们：孩子并不是一辈子都需要父母的陪伴，但是有一些阶段，父母的缺位是孩子一辈子都无法痊愈的伤，特别是在孩子刚开始认识自我、认识这个世界的时候，他们最需要的就是父母这根拐杖。

儿童精神分析学家埃里克森把人的自我意识发展分为八个阶段。八个阶段的每一个阶段都是不可忽视的，每个阶段都有一个独特的发展任务，又会给下一个阶段打下良好的基础。如果外在环境妨碍了某个阶段的发展，就会形成或轻或重的人格障碍。

回想一下这个孩子从小到大，我几乎没见过他和父母走在一起，永远是爷爷奶奶或者家里的保姆牵着他的手。

对于孩子的教育，父母总有诸多烦恼，为什么花钱给孩子买了那么多玩具，他们却总是吵着嚷着还要更多。为什么花钱给孩子请了那么好的老师，去了那么贵的学校，他们却还是不长进、不成才，存在"妈宝""啃老"等各种各样的问题。到头来，拼命赚来的钱都替熊孩子还了债。

世上最贵的偷懒莫过于忽略了子女。即使是为了赚钱，也绝对是一笔亏本生意。只会刷钱养孩子的父母，最后都输得一个比一个惨。其实，养孩子一点都不贵，只不过你不愿意花心思的懒散让教育这件事变得异常艰难。

　　说这么多，不是想让你精打细算地过日子，更不是说不能花钱买时间，而是让你明白，有时候，花钱只是为了掩盖你的懒散。可是，该你受的罪，一点也不会少。你以为躲过的苦，不过是越背越多的债。

　　人生最悲哀的莫过于到头来，你拼命赚来的钱，都赔给了自己的懒。

有些加班就是年轻人该吃的苦

1

几年前，有位朋友辞掉工作自己创业，自从身份和角色转换之后，我便经常听他念叨，老板难当啊。

而我早给他打过预防针了。

过去，老板和员工是纯粹的金钱关系，只要你有钱，总有人给你干活儿。可现如今，年轻人在择业的时候除了看工资，还得看看公司的企业文化、工作环境等，说得直白点，不仅得赚钱，还得舒服地赚。

这一点我深有体会，前年帮公司去做校园招聘的时候，一提起"966 工作制"，99% 的人都掩饰不住惊讶和惋惜，公司再好，加班我不干。有人说，总有一天，你会知道，没有一份值得干 8 小时以上的工作。

后来，公司为了招人，不得不改了制度，变成灵活工时，你想"966工作制"，那就给加班费。你想"965工作制"，你就休双休。这一改不要紧，很快就看出了人与人的差距。

就拿我们部门去年新来的一个应届毕业生来说，妥妥地变成了老板的眼中钉。这个男孩名校毕业，能力超强，脑子活，还特别会聊，同事们都喜欢他，每次听老板提起他，都是赞赏，我一直觉得他是个好苗子。

可没想到，自从周六变成了休息日，你就再也别想找到人，无论提前多长时间通知他加班，都是一句："我家里有事。"整个周末，办公室的人都忙成狗，他却潇洒地去吃了大餐、看了电影，成了整个部门生活品质最高的人。

结果可想而知，升职加薪是别想了，老板从不对他委以重任，各部门一提他就头大，所有的合作都默默地绕开他，最近一年多，公司的大项目不断，却没有一个和他有关。

他经常问我，为什么大家都不重视他，好项目从来不带着他。我只能无可奈何地回答："因为每个项目都不能保证不加班。"

于是，他不说话了。

2

花样年华，谁愿意把大好青春埋没在格子间？可是，人生里，每一年的意义都不一样。30 岁不是另一个 20 岁，头十年没做的事，后十年可能根本没机会弥补。看看身边那些 30 多岁才焦虑的人，多半是二十几岁不努力的结果。

平凡如你我，没有雄厚的家底，没有过人的天赋，唯一能拼的就是那么一点咬牙坚持和不懈努力的劲头，而这些常常需要更多的时间和精力。

的确，有些加班是装模作样，但更多的人是真心诚意地想多学东西，承担更多的责任，给自己搏一个出彩的未来。而那些年轻时只想好好生活的人，过着过着，生活就没了。

不知道从什么时候开始，加班变成了人们口中的"奴性"。大家都说，加班是最无用的勤奋，它要么说明公司的人员配备不合理，要么说明你的能力欠缺。如果是前者，你得赶紧走人；如果是后者，那只能说明你无能。

于是，有人傻傻地听了，换了一家又一家公司，发现没有一个地方新人不用加班。

年初，我辞职的时候，和前老板聊了很久职场生存之道。我从大学毕业就跟着他，整整八年。分别时，他给了一个让我特别骄傲的评语：过去这八年，够你用到退休了。

是不是真的够，我不知道。但在他的推荐下，我找了一个从不加班又薪资丰厚的好工作。

其实，这一点都是他教我的。他可能已经不记得了，我入职第一天，他跟我说的一句话：30 岁前不拼命和 30 岁还在拼命的人，都是一样失败的。

他就是这样，用 10 年的勤奋努力换来后半生的屹立不倒。行业里的人一提起他，无不竖起大拇指，再也没有人能让他加班，都是他挑谁来当客户。价格自然也水涨船高，每年不用拼死拼活地干，也能保持高品质的生活。

公司的年轻人经常好奇地问：为什么老板每天打打球、喝喝茶，躺着都能赚钱？每到这时，老人们就会说，你不知道他过去有多苦。

听他的老朋友说，过去他每天都是最后一个离开办公室的，别人吃饭聚餐的时候，他在办公室默默地翻过去的旧档案，电话 24 小时待命，加班加点的工作总是他先上。

年轻时没吃过苦的人，年老了多半会受罪。没有一种成功来得容易，你只是不知道那些优秀的人背后吃了多少苦而已。

今天的苦日子都是为了明天的好日子，懂得这个道理需要点眼光和格局。

3

稻盛和夫曾经说："只有极度认真工作，才能扭转人生。"他的人生就是这句话最好的印证。

很多人都知道，今天的稻盛和夫是日本的"经营四圣"之一，27 岁创办京瓷，52 岁创办第二电信，这两家公司都成功闯入世界五百强。他 78 岁接手垮掉的日航，一年后扭亏为盈。

可很少有人知道，他的第一份工作有多苦。

大学毕业，他就来到了濒临倒闭的松风工业。发不出工资是家常便饭。一起入职的大学生，陆续有人离开，最后只剩下他一个人。他说找不到一个必须辞职的充分理由。于是，他决定先埋头工作，甚至把锅碗瓢盆都搬进实验室。

众所周知，他后来成功了，这个 25 岁不到的年轻人成功研制出顶尖的陶瓷材料。在形容自己的工作时，他用了两个字：极致。没人知道这两个字背后有多少不眠不休的工作夜。稻盛和夫说，要想拥有一个充实的人生，你只有两种选择：从事自己喜欢的工作，或者让自己喜欢上工作。

然而有几个年轻人大学一毕业就能做上自己喜欢的工作呢？十年后，有人依旧在厌恶的工作中挣扎，而有人却早已实现了财务自由。拉开距离的正是那些谁都不喜欢的工作。

曾经有个 90 后姑娘问我，公司里所有人都讨厌加班，6 点钟就纷纷往外走，每次有人见她不走，都冷嘲热讽，说她假装勤奋。可是，她真的想多学点东西，想把工作再认真检查一遍。

我告诉她一句话："努力从来不丢人。不想努力工作的人，永远觉得努力没用。他们总相信，人生有一条通向成功的捷径，却从来不相信，一个人必须非常努力，才能在职场随心所欲。"

混迹职场，有能力远远不够，你的工作态度才是真正的招牌。有能力没态度的人尚且不能幸存，更何况，年轻的时候，你懂得比别人少，做得比别人慢，还理直气壮地踩着点下班，多一分力都不出，怎么可能不吃亏。

我一直觉得，对年轻人来说，工作头几年是最好的升值期。那时候，学东西最快，犯错又最容易被原谅。唯一的代价就是你要多受点累。并不是所有加班都毫无价值，有些加班就是年轻人该吃的苦。

这个世界上没有一份工作是不辛苦的，只不过那些成功了的人从来不向你诉苦。

你在办公室披荆斩棘，还是在家"葛优瘫"，决定了你以后的人生。如果你不想以后无路可走，那么现在就要拼尽全力。

时间不是用来逃避的，你不能坐等自己变好

过年回谁家，让不少夫妻或恋人犯难。

在一档调解节目中，来了一对小夫妻，他们前年才结婚，妻子铁了心要和丈夫离婚，起因是为两人新婚第一年的除夕在谁老家过产生分歧。

新婚第一年，照理说都在男方家过。可妻子却突然提出，去年因为工作没回家过年，今年想先回她家过，反正是每家过一年，谁先谁后也无所谓。

可思想保守的婆婆不愿意，让儿子去跟儿媳说留在北京过年。男人稍微试探了一下妻子，就被挡了回来。

丈夫不知道该如何面对媳妇和亲妈，所以干脆假装工作很忙，下班不是躲在公司打游戏，就是约朋友出去喝酒聊天。

眼看着回乡机票快没了，老婆天天催着他买票，他只好敷衍说工作忙，不知道哪天才能放假。

临近除夕，他又以工作为由，不能离开北京，让妻子一个

人回了娘家。转过脸来，又跟妈妈说，媳妇娘家有特殊情况。

这对夫妻来调解的原因本是婆媳矛盾，说着说着，各种矛头都指向了这个男人。

直到录制节目这天，媳妇才知道婆婆对她的不满是从年除夕没有回家开始的，而婆婆也才知道，儿子压根儿没把自己的意思跟媳妇说。

嘉宾中一个婚恋专家精辟地总结了这种状况：婆媳关系，是每个已婚男人会遇到的课题。但很多恶劣的婆媳关系，都是男人制造的问题。

解决意见分歧的方法有千万种，这个男人偏偏选了最笨的一种：逃避。

婆媳恍然大悟，男人不是第一次这种态度了，遇见麻烦的事，他把头一埋，坐等雨过天晴。男人说自己无力解决。可谁都看得出来，他其实什么也没做。所以在母亲和妻子关系转差之后，他依旧保持着不面对、不处理、不负责的心态，任凭她们大吵大闹，彼此伤害，最终走到了离婚这一步。

他真的挺傻的，以为时间可以解决所有的问题。却不知道时间解决问题的方式是简单粗暴的。

每一个问题都会得到解决，但何时解决、谁来解决，结局却差别很大。事情往往等到不得不解决的时候，就很难解决。

简单来说，你不能坐等生活自己变好。

一个女友说，以前她也是以躲避冲突的方式解决问题，和别人意见不合的时候，大多会表面赞同，私下里依旧我行我素。解决不了的问题只好"冷处理"。直到有一天，她发现冷掉的不只是问题，还有人心。每次和男友吵架的时候，她都躲起来，直到问题堆积如山，压垮了彼此对未来的信心。

一段失败的恋情让她有了这样的心得，也算是一种人生收获。

很多不欢而散的感情都是从一些鸡毛蒜皮的争吵开始的，比如两个人在一起怎么花钱，对方的哪些举动让你不满。那些本来应该谈妥的事，你却总跟自己说，时间久了就会好。可结局往往是爱情被放凉了。

很多人说，不要在情绪不好的时候做选择，所以"冷处理"被当作一种成熟的处事方式。但别忘了，冷处理的本质还是处理，而不是放任不理。

我常觉得，时间喜欢捉弄人类，告诉你男人年轻的时候三心二意，年纪大了就会安心在家；告诉你现在没有人追不要紧，总有一天他会来的。可是，结果呢？渣男一大把，男神也没有来。

说实话，我一直不懂为什么有人如此笃定地相信时间，却从不问，它是不是只是让你安心，供你逃避。说真的，你不发力，时间也无能为力。

生活里的苦大多不是天灾，而是人祸。

前两天，朋友在微信上跟我聊起工作上的不顺心。她感觉公司运营问题很大，老板一言堂，又不愿意承担责任，很多事情压着无法进行，总是给她一些新想法，熬了几个通宵做出来的方案又被无限期搁置。

因为这件事，公司的人走了一拨又一拨。我劝她，这种公司没什么前途，还是想想换工作的事。她说，再等等，听说股东们对老板也不满意，很可能会换掉老板，也没准他哪天突然转变了，到时情况就会有所好转。

我在心里默默地呵呵，因为去年，她跟我说过一模一样的话。

止损，才是一个人的终极能力，而很多大好时光却被荒废在了"坐以待毙"这四个字上，并不是每一种努力都有用，你要先选择一条对的路才行。

美国大选时，听一个在美国读物理学 PHD 的朋友讲起美国学术界对特朗普上台之后的失落和绝望，不少人说美国要因此倒退几十年。她给我讲了一个有趣的事，他们学校很多老师都是学术界的牛人，从大选开始，她周围就充斥着对特朗普的不屑和反对。

最终，这些人都没有投票。据说，有些人是不屑投票，有些人是过于盲目地相信美国人民不会选出这样的总统。可结果，生活又跟他们开了一个巨大的玩笑。

有些事，并不是做与不做这么简单，而是选择背后隐藏着的处理问题的方式。选择主动面对生活，未必会给你带来一个多么美妙的结果，但过程里，你是否尽过力，对于个人成长而言却是全然不同的。

《少有人走的路》是我很喜欢的一本书，每隔一段时间就会拿出来重温。我喜欢作者的坦诚，他没有告诉读者疗伤秘方，而是强调在心智成熟之路上你会遇到很多的困难。他说："规避问题和逃避痛苦的趋向是人类心理疾病的根源，不及时处理，你就会为此付出沉重的代价，承受更大的痛苦。心智成熟不可能一蹴而就，它是一个艰苦的旅程。"

这些年，我遇见过一些受到抑郁症或者抑郁情绪困扰的人，他们都说自己走过最大的弯路就是相信时间会让他们好转。

有人说自己难过的时候会躲起来，有时像行尸走肉一样生活，有时干脆睡一整天。直到有一天，实在无法忍受自己现在的样子了，然后得到一种领悟：最终能让生活好起来的还是你自己。

于是，他们学会悲伤难过的时候给自己一个沉迷的期限。时钟响起那一刻，把旧生活抛诸脑后。

不是时间让你遗忘了一个人，也不是时间让你忘了曾经的伤，而是你自己愿意好起来。讲真的，如果你不愿意面对今天，一定无法在明天成为更好的自己。

那些把兴趣当事业的人，同样要吃苦

25 岁以前，我觉得自己是个知足常乐、随遇而安的人，一直过着按部就班的生活。大学毕业后找了一份待遇丰厚的工作。上班第一天，上司就跟我说了一句话："不要把工作和生活混为一谈，工作需要理智，生活需要激情。"

我觉得很对。

25 岁以后，习惯了工作时工作，生活时生活，带着两张面孔过日子。如同前辈们所说的，这样磨炼了几年，理性掌控了大部分时间之后，工作越来越得心应手，生活却越来越缺少激情。

但后来，还是为了工作牺牲了生活。大部分人都和我一样，认为这就是人生原本的样子，始终觉得书里那些追寻自我的励志故事陌生而遥远，而平凡如我们大多只能接受生活的无奈。

然而，总有一些和我们一样平凡的人却做出和我们不同的选择。这么多年来，我一直在观察，他们到底过得怎么样？

上大学的时候，有个室友是南方姑娘，小巧玲珑。她只有一个爱好，看日剧，近乎痴迷。有一段时间，她几乎每天都抱着电脑不撒手，三餐也都是让室友给她打包回来吃。除了上课，她几乎不出门。

从她那里，我才第一次知道有个很火的日本明星叫山下智久。那时候，我们经常在图书馆里看书，回到宿舍聊不了几句她就嫌我们打扰她看剧了。直到有一天同学们相约去日本玩的时候，才发现，她早已可以流利地用日语对话了。

大部分人都有这样的经历，对一件事情突然感兴趣，然后投入很多的时间和精力去痴迷地学习。

我也是经常如此。在痴迷《来自星星的你》的日子里，整整等了一个月才等到了韩语培训机构的座位，那时候，想着时不时在路上秀几句韩语很酷，看韩国《running man》（跑男）真人秀节目不用字幕也很酷，带朋友去韩国不用导游更酷。结果上完课后一个星期就全忘了。

兴趣就像精神出轨，带来激情，却始终无法支撑生活。

不过我这个室友不觉得，大学毕业她去了日本留学，几年后回国去了一家日本公司，现在新东方教日语，业余时间做兼职翻译。年少时的兴趣俨然成了她的事业。

几年前，我想辞职创业和朋友开一间咖啡馆的时候，所有人都支持，唯独她反对。

她跟我说："千万别把兴趣当成事业。"

我很惊讶，因为她是我认识的人里最不可能这么说的人。

她说："当时在日本留学的时候，我吃了很多苦，住在一个又小又贵的房子里，但我心里总想着混不下去了，可以回家。可是看看那些家在日本的人，他们能逃去哪里？这就是把兴趣当事业的结果。"

做一份不喜欢的工作，你有一条退路：我不喜欢。但如果你喜欢的事还做不好，你要怎么向自己交代呢？这大概就是阻碍很多人的原因，所以我们还在做着没兴趣的工作，因为害怕无路可退。

每次见到那些爱着自己事业的人，我都会问他们，把兴趣当工作是一种什么样的感觉。

大多数的答案是：累和爽。

仔细观察身边那些坚定地以兴趣为生的人，其实都有点自虐倾向，按照我妈的说法，就是放着舒服的日子不过，非要自己找罪受。但他们就是对这种生活上瘾，因为爽。

兴趣给他们提供了一个强大的续航能力。即使跌落谷底，也能迅速地触底反弹，因为有梦想，有热爱。就像一个爱折腾的朋友经常说的，人也需要把自己逼上死胡同，才知道原来自己还会翻墙。他们并非比我们勇敢，只是根本无法掩藏。

就像《分歧者》里的女主角，一个简单的测试，就会让你暴露无遗。生活里的测试太多，有些人根本无法顺利通过。所以，我们可以忍耐地生活，他们不能。我们觉得艰难的决定，是他们最平常的选择。

我曾经在一个朋友的婚礼上遇到一个化妆师。她说，最初选择化妆师这个职业是因为自己特别爱美，每天至少折腾一个小时才能出门，总是被家人冷嘲热讽，后来干脆去做了化妆师。她以前在电视台上过几天班，朝九晚五，帮主持人和嘉宾化妆。有一天，突然看见摄像机里冷冰冰的脸，就拍拍屁股走人了。

她说她的化妆包喜欢鲜活的笑容。

最终，她成了一个自由职业者，几乎每个休息日都游走在北京各大酒店的宴会厅。家人最悠闲的时候，她却忙着工作。

我突然想起一个词：初心。

初心，这个词已经不太有人提及了。我参加的每次创业分享会，大家问得最多的是，把兴趣当职业能赚钱吗？辞职了，我要怎么养活自己？我们把"兴趣是否可以当作事业"这个问题，变成了衡量在这个功利的社会里生存还是遵从自己的内心。事实上，财富和意义从来不是天平的两端，那不过自己吓唬自己。

把兴趣当事业最大的阻力是怀疑和恐惧所带来的内耗。有人说，把兴趣当作事业的人，选择了对他们生命有意义的事情而放弃了功利的世界。

但事实却并非如此，一个真正优秀的人，做什么都一样优秀。所以，他们根本无须衡量，也没有什么需要放下。成功其实根本无关乎兴趣，而在于能力。当他们说没什么可担心的时候，不是打算放弃一切，恰恰相反，是知道自己可以创造一切。

有人或许会反驳，那些为了理想过着一穷二白生活的人又怎么说，其实他们真的未必比你过得差。你的山珍海味或许对他们而言就是味同嚼蜡。这个问题并非世俗生活好与不好，而是你的生活能否给你适当的养料。

有一个朋友经常跟我说，不能把兴趣当事业，否则事业没了，兴趣也没了。我笑了笑，以前，我会照单全收，现在我却觉得不过是不肯试一试的借口。阻碍事业的永远不是兴趣，而是你这个人。

那些把兴趣当作事业的人一定没你想象中过得那么好，在没有退路的坚持里，他们要吃更多的苦。他们也一定比你想象中过得好，那些你没有机会品尝的激情与甜蜜，足够他们炫耀一辈子。

努力是一种行动，知足是一种心态

　　姥姥打电话来说，胖姨一家最近吵翻天了，原本相安无事的一家人，因为一座老宅拆迁，竟然大打出手，派出所都去了几次。

　　胖姨是我妈的小学同学，也是认识了几十年的老邻居。过去，他们和我们家住在同一条胡同里。在我的印象里，他们一家人都很亲和友善。没想到竟然也会为了房子吵成这样。

　　妈妈说都是穷闹的。

　　以前，大家虽然过得不富裕，但是有吃有喝有地方住，就觉得挺满足的。和周围人一比，谁也不比谁强多少。可如今，生活压力越来越大，偏偏这几家的儿子年纪相仿，都等着房子结婚。一想到一辈子不能给孩子挣得一套房子，父母就愧疚得抬不起头。连胖姨这种与世无争的人，都陷入一场场口水战。

　　胖姨家的几个兄弟姐妹都是工薪阶层，每个月几千元钱的工资，在北京买房，想也不敢想。只好指望着自己父母的老宅。

这座老宅本来就不大，拆迁之后，也只能分得一套两居室，可胖姨家有五个孩子，怎么分都分不均。不可能住在一起，谁又都没钱买下来。找了居委会、律师、法院，调解了半天也没有结果。

这样的事，每天都会在电视上出现。说实在的，一个穷字，解释不通。一无所有的时候，相安无事。天降横财，却有无穷无尽的争吵。

我问我妈："如果没有房子，胖姨的儿子就不结婚了？"

我妈无可奈何地说："租房子结婚多少有点说不过去吧！"

我突然想起前阵子在微博上看到的一个帖子，是一个姑娘的自白，题目是希望每一个姑娘都相信，那个对的人一定会来。她和老公在北京租了一间小平房，买了一床新被子，贴了几个喜字，就算结婚了。

过去，她老公喜欢泡网吧、打游戏，无聊的时候就和朋友去喝酒聊天，工作也是三心二意，没什么上进心。两个人认识之后，他每天加班加点地工作，周末一有时间就给她做饭。在外人眼里，这两个北漂小青年的日子只能用凄惨来形容，房子、车子和存款，一样都没有。但是，他们就是觉得自己过得很幸福。

世上没有结不了的婚，只有不够多的爱。人们常说知足常乐，一个人过得好不好，无关乎足与不足，而关乎知与不知。

你真的不知道，有多少人在羡慕你的生活。

当你嫌弃自己工作累赚钱少的时候，还有很多人苦苦地走在找工作的路上。

当你嫌弃父母唠叨的时候，还有很多人渴望每天回家可以吃到妈妈的饭。

当你嫌弃孩子麻烦牵绊多的时候，还有很多人在为下一代的缺失而烦恼。

有一种人拥有得再多，日子也不会过得好，因为他们根本看不见自己拥有了什么，总觉得得不到的才是最好的，好胜心强，一路追逐，却没有一天过得舒坦。

心理学家罗杰斯说："一个人的满足感来自'无条件积极关注'，也就是即使行为不够理想，一个人仍然可以感觉到受到理解和关怀。这样的人时刻能感觉到自己的价值，对于外界也没有病态的防御，如此才能无拘无束地发展自身的潜力，塑造健全的人格。"

知足常乐，常被误解为懒散懈怠。但是，真正对生活满足的人，他们从来不会缺少前行的动力，相反因为明白当下生活的宝贵，他们的步伐才更坚定，也更持久。像微博里的那个姑娘说，每当想起有爱人，她就觉得自己应该更努力。

当你能够看见自己拥有的东西，你会开始对生活感激，而感激会让一个人学会分享，分享越多，得到越多。不是让你变成无欲无求的隐士，把自己拥有的东西拱手相让，而是教你改变看待问题的角度。

未来的世界里，共赢必定大于争夺，不懂知足的人，路只会越来越窄。

朗达·拜恩在《力量》中提到她一直推崇的吸引力法则：无论你给出什么，都一定会收回来。吸引力法则就像一台复印机，无论你放进去的文件内容是什么，它都可以完全复制，然后你会拿到一模一样的复印本。

这些听起来玄而又玄的理论，却是很多人早已明白的道理。

很多年前，公司的一个前辈曾经跟我说过，人生是一场长跑，节奏比速度重要。真正成功的人生是努力却不费力的。

尽最大的努力，做最坏的打算。

对自己要求高一点，对别人要求低一点。

生活里总有一些人，不费力地生活着，他们也和我们一样勤奋，却没有患得患失的焦虑和煎熬。他们的成功是一场场顺势而为，不锋利、不张扬，却总能得到生活的眷顾，并不是他们真的得到的多，而是他们眼中自己拥有的东西比我们多。

老天永远是公平的，没有人可以拥有一切，长得好看的没有钱，有钱的没情商，有情商的又太丑。

所以，最终你过得好不好，取决于你如何看待生活里的这些"优越"与"不足"。

《小王子》里说：真正重要的东西是肉眼无法看见的，只有用心灵才能看得清事物本质。但人们往往被那些看得见、摸得着的东西蒙蔽了双眼。房子比家重要，存款比相爱重要。

你买一栋房子不过是为了得到一个家，你在意存款无非是想留住他。锦衣玉食是锦上添花，知足常乐才是雪中送炭。

无论你多么有钱、多么成功，这条奋斗之路的终点都是幸福快乐。而最终让你感到幸福快乐的不是你拥有多少，而是你能感觉到自己拥有多少。

努力是一种行动，知足是一种心态，好的人生，两者缺一不可。

为什么越优秀的人越勤奋

前段时间，看了 Ins 上一篇关于抖森（Tom Hiddleston）的推送文章，只看了一半就果断"路转粉"。

此前，我也不认识抖森，对这张脸唯一的印象就是雷神的弟弟大反派洛基，当年看那部电影还是冲着女主角娜塔莉·波特曼去的。可翻开抖森的履历，只说三条，就让人佩服得五体投地，会七国语言，英、法、西、俄、意、拉丁和希腊语。放弃牛津去读剑桥是因为和父母吵架，想离他们远一点。

《雷神》试镜时，为了得到雷神一角，抖森特意增重 20 斤。结果试镜之后，被告知要演洛基，他又默默地减掉了这 20 斤。

每一句轻描淡写的描述，都是很多人一生都可能无法达到的高度。继阿米尔·汗、彭于晏之后，又一位男神印证了那句老话：优秀是一种习惯。

不知道你身边有没有这样一种人，明明已经百里挑一，还觉得基数太小。明明已经出类拔萃，还觉得不够好。每天像缺钱一样勤奋，像欠债一样努力。每每遇上这样的人，我都会忍不住问一句：为什么？

有个外国朋友，80 后，一个土生土长的美国人，五年前来北京工作，哈佛、耶鲁、剑桥都念了一遍，美国、英国以及中国香港的律师执照，中文说得一流，年初刚刚跳槽到了一家国际律师事务所，成了最年轻的合伙人，年薪百万。

妥妥的一个人生赢家。可前天，他居然跟我说，最近在看司法考试的教材，打算好好研究一下中国法律。旁边的几个律师朋友都感到了威胁，饭碗抢到家门口了。

他刚来中国不久后，就开始学中文。日常交流没问题了，他还不死心，非要学中国文化、中国历史和中国民俗，经常把我问得一愣一愣的，比如故宫为什么叫紫禁城？十二生肖里为什么没有猫？说大话为什么叫吹牛不叫吹羊？

跟他在一起，我觉得自己是个假的中国人。他最喜欢说的一句话就是：越学越觉得自己懂得少。

古希腊哲学家芝诺的学生曾经问过他："老师，你学识渊博，知道的事情那么多，为什么还经常怀疑自己的答案呢？"

芝诺回答说："人的知识就像一个圆，圆圈外是未知的，圆圈内是已知的，你知道得越多，你的圆圈就会越大，圆的周长也就越大，于是，你与未知接触的空间也就越多。因此，虽然我知道得比你们多，但不知道的东西也比你们多。"

曾经听过一个资深投资人的讲座，他洋洋洒洒说了三个小时的成功经验，却用了这样一句话结尾："做投资的时间越长，越不敢投。"

大概因为这样，巴菲特才会只买自己熟悉的行业、熟悉的公司的股票，甚至反对炒股。他曾经说："有时候我太过谨慎，但我宁可有一百倍的谨慎，也不想有1%的不小心。我不是靠炒股，成为世界首富的。"

越优秀的人，越能看见自己的无知。于是，步履踌躇、心生敬畏成了一种自然反应，但也正是这种心态，让他们不想停下探求的脚步。相反，平庸的人却经常一知半解，就觉得天下无敌。

傅盛在认知三部曲中提到，人有四种认知境界："不知道自己不知道""知道自己不知道""知道自己知道"和"不知道自己知道"。

95%的人都处在第一层。

然而，是不是自知无知，正是优秀者和平庸者最大的区别。一个人能走多远，取决于他知道自己走了多远。

所以，当我们问为什么越优秀的人越努力的时候，或许我们更应该问另一个问题：为什么我们不再努力了？

以为自己什么都知道，恰恰是无知的开始。

有时候，小有成就比一事无成更可怕。

听过一个真实的故事。一个 90 后的小镇姑娘，从小喜欢读书写作，从上高中起就开始陆陆续续在杂志上发表文章，后来又开始写公众号、出书，很快小有名气，赚了点钱。有一家公司邀请这个姑娘加入，给了她丰厚的薪水。她毅然决然地放弃了高考，去了这家公司。

我不知道，这个姑娘后来过得怎么样了。

这些年，社会一直在争论，上大学到底有没有用。说没用的人，总能举出很多例子，证明不上大学也能成功。从比尔·盖茨到乔布斯，从爱因斯坦到爱迪生，社会这所大学好像更能培养出所谓成功的人。

可讽刺的是，那些没有读过书却成功了的人却比任何人都重视教育。见识越多的人，越能看见差距，也就越明白读书的重要。

宋朝诗人黄山谷有句名言："三日不读书，便觉语言无味，面目可憎。"周国平对这段话的解读，我特别赞同，他说："你三日不读书，就会自惭形秽，羞于对人说话，觉得没脸见人。"

这就是他所说的"读书的癖好"，读书为什么能成为一些人的基本需要？大概就是因为这种自愧不如的感觉吧。

经常有人问我，怎么样能成为一个努力的人。我会反问他们，对于不努力，你的感受是什么？

他们通常会说，没感觉。

我想，这就是差距吧。真正优秀的人，是停不下来的，因为内心深处有一种对无知的恐慌。对于知识，他们永远觉得自己学得不够。

Richard St.John 在《成功是一趟持续的旅程》中曾说过："成功是一个由热情、工作、专注、推进、灵感、提高、服务和坚持组成的循环，我们一圈一圈地实现一个又一个目标，而不是一条从 A 到 B 的直线。"

可是，生活里，大部分人都是 40 岁在吃 30 岁的老本，30 岁吃 20 岁的老本。

我不是说，人必须勇往直前，一次次地勇攀高峰。而是说，人要有一种危机意识和一种谦卑的心态，对于这个世界，我们不知道的东西还很多。

笛卡儿曾说过："没有知识的人总爱议论别人的无知，知识丰富的人却时时发现自己的无知。"

所以，为什么越优秀的人反而越勤奋？

答案或许很简单，他们比我们看得见更多值得努力的东西。

第二章

适当妥协，未尝不可

努力不一定能成功，甚至可能失败，但怕什么，人生比拼的又不是失误率，这只是给你一次重新起航的机会，一切还来得及，最坏的结果不过是大器晚成。

当你无力拒绝时，要学会适当妥协

前些日子，一个远房亲戚的孩子小高四处托人帮忙给他在北京找工作。他学历不高，所以也不挑，只要稳定一点，能在北京落脚就好。于是，我爸爸就介绍他去了一家朋友的公司当司机。

司机这份工作不容易，考验人的忍耐力，不仅上下班没准点、随叫随到，还经常因为等人吃不上饭。我严重怀疑这个90后能不能坚持得住。

没几天，爸爸的朋友果然就来找他吐槽这个小朋友。平时干得挺不错，认真卖力，可是每天6点钟之后再想让他接人就比登天还难，更不要说周末。他总有各种各样的理由推三阻四，不是在很远的地方赶不过去，就是身体不舒服，开不了车。

老板找小高谈了一次话，小高直言不讳地跟老板说："我觉得生活和工作一样重要，工作的时候一定会认真努力，但是下班时间希望能自己支配。"

听完这段话，老板快晕过去了。孩子说得没错，无论从公司还是个人角度来说，你都不能让一个员工总是加班加点地干，但是您也得想想自己有什么说"不"的资本吧。

如果不是碍于爸爸的面子，这位老板可能早就把他辞退了。我爸只好找亲戚去跟小高进行了一番恳谈。没过多久，小高就辞职了。

这件事让我想起去年春季之前找小时工的一段经历。

年前，家家户户都要打扫房间，除旧迎新，所以小时工特别难请。我联系了好几家家政服务公司，经常占线，好不容易联系上了一个说要提前一个星期预约。我急忙约了最近的一个周末的时间。

到了那天，不到 8 点钟，就接到一个小姑娘的电话，她跟我说当天的活儿排得太满了，可能会晚点到，怕我等太久所以提前打电话。后来，到了下午快 1 点钟的时候，终于从窗户里看到一个骑着电动车飞奔的女孩。

进屋之后，她熟练地套上鞋套，二话不说就开始干活。我在旁边闲着无聊给她打打下手，她总是推开我说自己可以一个人来。这个姑娘长得清秀白净，如果不看那双粗糙的手，你根本想象不到她是个小时工。

后来，我们闲聊起来，她才告诉我，她是跟着同乡一起来北京打工的，来之前，她也不知道自己会给人擦地刷马桶。第一天上班她就干了十几个小时的活。她以为那只是一次突发情况，没想到，整整一个月，每天都这么累，她也一天都没休息。

我问她，怎么没想过回老家。

她笑了笑说，最初的那一个月，她每天都想给爸妈打电话说自己待不下去了想回家，可是看着这么繁华的北京，她又不想回那个穷山村。她一直被现实和理想拉扯着。直到有一天，她遇见了同在家政公司上班的一位大姐。大姐是这家公司的金牌月嫂，月收入轻松过万，预约她的人至少要排三个月。

据说，她有营养师证，上过心理学培训班，还经常受邀给人培训。闲谈之间，她知道大姐原来也做了很多年小时工，花了很多年才走到今天这一步。她刚工作那几年，所有打扫厨房、厕所的脏活累活儿、加班熬夜的急活儿、伺候挑剔客户的难活儿，都是她的。

可如今，排着队等她的人，她可以随便挑。一年里，想休几天休几天，想什么时候放假就什么时候放假。谁也不敢说一个不字，因为外面还有一大堆公司排着队等她去。

面对生活的艰辛和无奈，很多人几乎每天都在妥协。明明知道熬夜对身体不好，还是无法拒绝老板大半夜打来的电话；明明下定决心在每一个重要的日子陪伴家人，还是无法拒绝临时出差的要求。

这些简单又合理的诉求如此难以启齿，不是你习惯了妥协，而是心里清楚，拒绝的结果自己承受不起，或者说没那么大的底气任性。想来想去，还是硬着头皮同意，没有筹码的时候，你赢不了任何一场谈判。

最近几年，越来越多的书籍和文章谈起爱自己这个问题时，其中一个重要的观点就是爱自己就要坚持自我，不轻易妥协。过去我也是这么认为的，但是遇见了越来越多走向另一个极端的人之后，我发现，我们对于"爱自己"的认识太过狭隘了。

上个月，我收到一个姑娘的来信，她说自己自从入职之后就一直受委屈，事事迁就别人，却从来没有人感谢她的付出。所以，她决定要做出一些改变，不要轻易地妥协，划定自己的界限，拒绝她不喜欢的要求。可是，不到一周的时间，她就把公司里的大部分同事都得罪了，连老板都找她谈话了。

她问我："为什么我不妥协了，日子反而变得更糟糕了？"

所以说，说话说一半是很可怕的。那些告诉你，不要妥协、坚持自己的人，都有不妥协的资本。可是你呢？只听到了结论，却没听见条件。生活里，有些事，你当然要坚持自己的准则，但也有很多事，你要学会低头。

不知道从什么时候起，身边流行着一种风格，打着特立独行的招牌，做着毫不负责的举动，美其名曰：我喜欢。

事实上，适度忍耐是自律。它既不代表你在残害自己，也不代表你在浪费时光。只要你知道今天你所做的每一个妥协，都是为了明天理直气壮地拒绝。

金星在《掷地有声》里曾经说过一句话，我印象很深。她说："填充自己等待机会，表面上是忍，骨子里是不妥协。因为就算我忍的时候，我心里也清楚我是为什么忍，是为了更大的一个目标，能走得更远。"

清扫小妹离开的时候，已经差不多下午 3 点钟了，她还没吃饭。我把她送到电梯口，看着她匆匆忙忙地从包里拿出一个烧饼塞进嘴里。她一定不喜欢这样的生活方式，但对她来说，现在还不到说"不"的时候。

妥协并不是可耻的事，那说明你开始承担起生活的责任。今天，你做出的每一次妥协，都是未来坚定拒绝的资本。所以，当你没有足够实力"say no"的时候，把"yes"当作一种选择吧，不要把它当作生活中的无可奈何。

如果你热爱，付出的努力都有意义

昨天，好朋友曲曲向我借了 1000 元钱，这是她连续三个月向我借钱了。每个月月初借钱，月末 300、500 地还我。

曲曲是我在美国认识的一个姑娘。从小喜欢舞蹈的她，攒了很久的钱去学舞，她有一个百老汇的梦。毕业之后，她没工作，想尽了办法要留在美国。

为了生活，她做各种兼职，打黑工，她说最满意的工作是在狭小的地下舞蹈教室教人跳舞。但是生源不足，她的课排不满，只能临时帮人代课。她大部分时间都靠卖体力，练舞的时间都没有。

有人说，她虚荣，因为混得太差，没脸回国，才骗父母说自己在美国演出。也有人劝她，与其在美国做些不相干的，不如回国专心练舞。

这 1000 元钱大概够她啃一个星期的面包，但我不知道她能撑多久。我也曾经和许多人一样，提醒她何必苦苦地留在那里，做着和自己的梦想毫不相关的事。她说，自己每天都要去四十二街走一走，仰望着街道两旁悬挂着的舞台剧的大海报，她才觉得自己离梦想很近。

曲曲让我想起在楼下美发店认识的一个帮人洗头的女孩。20 岁出头儿，高中毕业就来北京打工，辗转在各种美发店打工。她喜欢和人聊天，一来二去，我们就熟络起来了。

她说这家店的老板对员工不错，虽然工资少了一点，但提供宿舍。她和五六个同事挤在旁边小区的地下室里。仅凭那一点微薄的工资，别说在北京买房，连租房都很费力。说起最穷的时候，她说不是银行卡里取不出钱，也不是连吃了一个星期方便面，而是有一天她突然觉得如果死在房间里，可能也没人知道。但她在这座城市一待就是 5 年。她说可能还会再待 50 年。

我问她："北京怎么有那么大魅力，你非要留在这里不可？"

她说："你这样从小在北京长大的孩子不能理解，北京对于我这样小地方出来的人的意义。回到老家，待在父母身边，我有大房子住，衣食无忧，可我就想逼自己一把，想证明从我开始，家族的命运可以改变。"

每次和她聊天，我的脑海里都会浮现出一句电影对白："我们努力，不是为了改变世界，而是不被世界改变。那些看起来无法创造价值的努力，对一些人来说却有非同寻常的意义。"

时间不会辜负任何一种努力，但是收获并不一定会为你创造价值，其至可能让你失去原本拥有的东西。可是，这就是人生，无法简单粗暴地计价。

小时候，我喜欢画画，经常拿着"西瓜太郎"的漫画书照着画，妈妈给我报了一个绘画班，从素描开始系统地学。上了两个月课之后，老师认真地找我爸妈谈了一次话，她说："这孩子画画没天赋，你们家又没有搞艺术的，还是让孩子多花点时间学习吧。"

从那以后，我妈再也不让我画了。

我对这个老师的感情是矛盾的。一方面，她让我及早放弃了一条不适合自己的路；另一方面，她又让我在少年时代就失去了创造快乐的机会。

那本"西瓜太郎"是我长久以来唯一留着的东西。每次拿出来，我就忍不住拿起彩色笔画几下。偶尔周末的时候，也会去画室上节课。

朋友经常说我就是喜欢做这些没用的事情，她们给我分析成本，不算学费、油钱、午饭钱，单是按小时计的时间成本，就是一笔不小的亏损。写篇稿子能赚稿费，谈点合作增加点业绩，参加社交聚会多认识些朋友，哪怕是跑步健身都能为日后省点医药费。

明明是个没钱又没闲的人，却偏偏喜欢那些花钱又没用的事。

但她们不知道，往往是这些看起来没有价值的事让人们学会热爱生活。

　　那个一点也不起眼的午后，在一个有点残破的画室里，我却安心地享受着"当下"时刻的宁静，思绪不再纷乱，没有过去，没有未来，只是在这一刻和手中的笔、眼前的画布在一起。我知道，其实那是我和自己在一起的时刻。

　　我知道这种宁静时刻的积累会在心里滋生出一种力量，让我明白，即使某一个时刻我并没有创造财富，生活依然在以另一种方式奖赏我。

　　没有人能时时刻刻创造价值。对价值过多关注，是社会中大多数人的浮躁。人们总是担心自己走错路，总是忧虑自己浪费了时间，所以不愿意停下脚步。但其实，没有一条路是弯路，也没有一种努力是荒废。因为生命的精彩从来都不是以结局论断好坏的。就像史铁生说的："人不是苟死苟活的物类，不是以过程的漫长为自豪，而是以过程的精彩、尊贵和独具爱愿为骄傲的。"

　　《牧羊少年奇幻之旅》是一个很契合这句话的故事。因为梦见金字塔而走上寻宝之旅的牧羊少年，最终在一个他经常过夜的残破教堂里找到了宝藏。看上去，他这一趟旅程白走了很多路，浪费了很多时间，但是，如果不踏上旅程，他永远不会知道宝在哪里。

所以，牧羊少年说："生活对追随自己天命的人真的很慷慨，我不会走错一步。每一个精神导师都在提醒我们，生命本身是没有意义的，它取决于你赋予它怎样的意义。"

　　但很多人却不知道，你赋予结果或过程的意义，直接而深刻地影响着你的生活品质。

　　一个女孩曾经无数次地向我哭诉，她一个人在北京撑不下去了。挤在非法出租的地下室，挣着微薄的工资，这辈子都可能在北京买不起房。

　　我想劝她回家。但我没说出口，因为我怕她听了我的话，有一天为自己没有再坚持一下而埋怨我。其实，还有一个原因，我总觉得自己的担心是多余的，毕竟她说了这么久却始终没有离开，一定是有一个比离开重要的理由。

　　想起一个故事。一个女孩从小就觉得自己很一般，在餐厅当服务员的时候，打包客人剩下的饭菜，假装是给自己的狗吃的。为了她唯一喜欢做的事，她攒钱到拳馆缴会费，找教练，终于打动了训练出无数拳王的教练，决定收她为徒。

　　在她经历了艰难险阻，终于离梦想一步之遥的时候，她却因为一次意外折断了颈椎，她祈求像父亲一样的教练结束自己的生命，他忍痛拔掉了她的呼吸机。

　　教练愧疚自己教她打拳，而不是让她做一个普通女孩。

　　当年为他挖掘到女孩的老朋友对他说："别那么说，当麦琪走进那扇门的时候，除了胆量什么都没有。根本没机会实现她的梦想。一年半以后，她在争夺世界冠军！是你的功劳。每天都有人死去，你知道他们最后一个念头是什么吗？——是我从没有过机会。但她得到了这个机会。你知道她最后的念头是什么吗？我觉得，她会说：我干得不错。"

这个故事被拍成电影，叫《百万美元宝贝》。

我能想象，曲曲回国之后的情境，虽然同样是教人跳舞，海归背景大概会让她的日子好过很多人，但是这辈子也就和百老汇没什么缘分了。哪怕她在美国再待个十年八年，依旧和百老汇这三个字没什么关系，但也不能说失败或者浪费，因为付出的努力都是有意义的，在未来每一个日子里，提醒着她：自己曾经拼尽全力的样子有多美。

其实，每一种努力都有价值，它会在你人生的某一刻转化成巨大的精神动力。我们看不见，只是因为对价值的定义太过狭隘。不是所有努力都会有一个让你满意的结果，但每一个努力的过程都会让你变得与众不同。

你焦虑是因为你没学会失败

前两天，一个朋友知道我业余时间写作，就跑来问我，有兴趣的事不赚钱，能赚钱的事没兴趣，到底该怎么选。说实话，这个问题，我每个月都会听到很多次，可始终找不到一个官方答案。如果换作以前的我，可能会跟她说，一定要坚持自己的梦想，做喜欢的事。可现在，我其实更想说：先想清楚。

我之所以这么说，并不是我觉得理想应该向现实妥协，而是觉得作为一个朋友，我有一个基本义务，就是确保在她脑子最不清醒的时候，没有给她指一条错路。毕竟谁也不能为谁的人生负责，所以最好谁也别替谁选择。

关于兴趣，这几年，我最深刻的体会就是：心态如果不好，再喜欢的事也会变成灾难。

我认识一对好姐妹，同《破产姐妹》里的凯特·戴琳斯和贝丝·贝尔斯一样，梦想开一家蛋糕店，于是两个人都辞了职，凑钱开了个小店，摆出一副大干一场的架势，招呼周围的亲戚朋友帮忙宣传。

可最后，她们还是失败了。不懂行、没经验、竞争大、利润低、资金少，各种各样的问题，在同一时间爆发，两个人之间出现了严重的意见分歧。一个觉得必须撑下去，另一个觉得应该要认输。

一拍两散。

你猜她们的结局会怎么样？

坚持到底的姑娘，找到了新拍档，继续经营着蛋糕店，为了一点微薄的利润，每天起早贪黑地苦干。半途而废的姑娘，悻悻地回到原来的工作岗位，埋怨着工作无趣。

即使两个人不再联络，也维持着一种默契：同样焦虑。因为她们的身上都有一个标签：失败者。

一定有人问，失败者就一定要焦虑吗？未必。但在中国，绝大部分失败者都会焦虑。因为从来没有人教过你，要如何成为一个失败者。

是的，失败是需要学习的。可生活里，大部分人都没有学习过。

我身边有不少信奉挫折教育的家长，他们觉得小时候没吃过苦的孩子，长大之后不会过得太好，所以，总是希望孩子能挑战高难度的生活。耐心、勇气、毅力、坚韧，这些美好的品质，一个也不能少。他们喜欢说，失败是成功之母。打不死你的，会让你更坚强。

不能让你成功的失败，算不上失败。不能让你坚强的挫折，也算不上挫折。朋友经常开玩笑，这年头，连失败都有假的了。在这样一个连失败都不被允许的时代，人怎么可能不焦虑。

我们从来没有学习过到底该如何面对失败，那种可能永远都成功不了的真正的失败。

龙应台在《目送》中说："在我们整个成长的过程里，谁教过我们怎么去面对痛苦、挫折、失败？它不在我们的家庭教育里，它不在小学、中学、大学的教科书或课程里，它更不在我们的大众传播里。家庭教育、学校教育、社会教育只教我们如何去追求卓越，从砍樱桃树的华盛顿，悬梁刺股的孙敬、苏秦，再到平地起楼的比尔·盖茨，都是成功的典范。即便是谈到失败，目的只是要你绝地反攻，再度追求出人头地，譬如越王勾践的卧薪尝胆，洗刷耻辱，譬如那个战败的国王看见蜘蛛如何结网，不屈不挠。"

你的内心深处从来没有真正接受过失败，你接受的只是可以通向成功的失败。但很不幸，生活里，大部分的失败就是失败而已。

或许，我们应该先看看什么是失败。失败的品种丰富多样，其中最大的挫败莫过于：没有意义。很多人终其一生，贫穷困苦，颠沛流离，都是为了寻找生命的意义，但如果辛苦努力走到最后，发现心心念念的地方一无所有，那是不是一种失败呢？

如果我们的人生没有意义，该怎么样活下去，是很多人连想都不敢想的问题。

意义，有很多的同义词，价值、用处、目标，诸如此类。小时候，爸妈一定跟你说过，你可以不成功，但不能不努力。要给自己设定一个目标，一点点地朝它迈进。在这个人人都想成为励志偶像的时代，没有几个人敢平凡地活着。

开头那个找我聊天的朋友已经30多岁了，她说自己过去十年都在努力做一个有用的人，因为有用，所以可以赚钱。未来十年，她想做一个没用的人，过一些不太努力的日子。哪怕没有那么富裕，但至少自在。

听到这里，我忽然想起在飞机上遇见的一个人，整整五个小时的飞行，她就坐着静静地看着窗外发呆，一片白茫茫的云，什么也没有。可她看起来就是那么自在，那宝贵的五个小时里，我写了一篇稿子，做了两个PPT，看了三份文件。可比起她，我就是觉得自己超级失败。

从那时起，我就给自己定下了一个目标：愿我能努力半生，终有时间荒废。

著名作家梁文道先生曾经说："读一些无用的书，做一些无用的事，花一些无用的时间，都是为了在一切已知之外，保留一个超越自己的机会。人生中一些很了不起的变化，就是来自这种时刻。"

现代的人之所以焦虑，就是因为不会失败。没有找到做一个失败者的洒脱。

我相信，每一种活法都有它的道理。有些人励志，有些人悲剧；有些人幸运，有些人倒霉；有人向往小确幸，有人喜欢小确丧。没有哪一种更好，只是适合不适合。用一句我时时警醒的话结尾：你可以向往成功，但也要允许自己失败；你可以向往快乐，但也要允许自己悲伤。说到底，你可以仰望天空，但也要允许生活泥泞。

慢一些没什么不好，有些人注定要大器晚成

前两天，消失了好几个月的发小梅子突然约我吃饭，我知道她又有事儿了，没事儿的时候她从来不找我。还好，这次是件大喜事，31 岁的她要结婚了。按照她自己的话说，终于爬到了婚姻的殿堂。

梅子笑着说，这次终于又发挥了自己的特长。

她的特长就是，反射弧特别长——总比别人慢。

小时候，她妈为这事没少发愁。别人家的孩子唐诗都能背出一两句，梅子连姥姥、姥爷都叫不出来。

她的动作也很慢，写作文的时候，我潦潦草草地写了一大篇，她才刚一笔一画地写了小半段。所以，我经常一个人一边荡秋千一边等她写完作业。

我们上同一所小学，又是邻居，每天一起上学，一起放学，我是个急脾气，她却是个慢性子。那些年，她跟我说得最多的一句话就是：你慢点。

我写作业快、学东西快，念书自然不费力，成绩也很好。而她正相反，所有人都说她脑子慢，将来也不会有什么成就，甚至老师都劝她爸妈想想这孩子以后怎么办。

那时候，我很怕她不能一直和我在一起玩，所以有时间我就给她补课，希望她的成绩能好一点。她一点都不笨，只是需要比别人花费更多的时间消化而已，但这个世界不愿意等她，把她抛在了后面。

最终，我们还是分开了，她去了一所普通中学，我去了一所市重点。

还好，我们还是邻居，偶尔还能见面聊天。

她过得并不好。因为软弱又迟钝，她受到了不少排挤，她的同学会抱团欺负她，冷嘲热讽、偷藏试卷、课桌里塞垃圾，她成了青春时代里典型的"全民公敌"。她的存在，让别人的友谊反而更紧密。那时，她的反射弧还是那么长，过了很久才发现，原来大家都不喜欢她。为此，她伤心了很久。

慢，成了她青春里最深的伤。因为慢，她过着孤独的日子，除了我，她没有一个朋友。因为慢，她喜欢的男生对她说："我不想被别人取笑。"

随着年龄的增长，我们的生活差距越来越大。我像轮子一样不停地转，她还是一样慢悠悠地过日子。不过，时光是个神奇的东西，它总能施展魔力，把"缺陷"变成"优点"。在这么多年的"慢"生活里，她练就了一种沉稳的个性，从不着急，就像小时候一笔一画地写字一样，她的人生也走得一笔一画，从不匆忙追赶别人的脚步，总是停下来，先想清楚自己的方向。

她学东西依然很慢，所以总是要比别人花更多的时间，但是她总是比别人坚持得久。她从不和谁比较，也不参考谁的生活，只是按照自己的节奏一点点地进步成长。

她读的书比我少，但领悟却永远比我多。她认识的人也比我少，但能交心的人却永远比我多。

连谈恋爱，她都很慢。在人们忙着追赶恋爱、结婚、生子这张紧凑的时间表时，她 28 岁才开始谈恋爱。

在所有人都感叹自己恋爱经历不够丰富的时候，她嫁给了自己的初恋。

上大学的时候，她说，自己还没找到方向；大学毕业，又说自己要先努力上班。一晃就到了剩女的年纪，我总是跟她说，赶紧找个人谈恋爱吧，不要错过大好青春。其实我是担心，她以后再也找不到好男人，凑合着把自己嫁出去。

她却依旧慢慢悠悠，从不慌张。

后来我才知道，她认识这个人快十年了。龟速的爱情，或许才能让彼此的个性在岁月里慢慢地呈现，也才能让两个人找到各自的方向之后再决定合不合适。

成熟的爱，更稳固，也更长久。

走得慢的人，有一种与生俱来的优势。时光凝结出的领悟让他们厚积薄发。

比如我喜欢的宅女作家顾漫。她把自己称作"乌龟漫"，等她的更新，经常等到上一章的情节都忘了。当她的读者特别受煎熬，因为她没有什么时间表，比起日更的作者，你永远不知道什么时候她能写出东西来。但从《何以笙箫默》到《骄阳似我》，没有一部让人失望过。

又比如我喜欢的美学家蒋勋。他在《品味四讲》里讲了很多衣食住行的生活美学。他说，"行"的美在于速度感，继而提到"悠闲"。"闲"这个字很有趣，门中有一个木，如今，再也没人有时间看看家门口的那棵大树了，所以大家都没有了清闲。所以，他比任何人都看得明白透彻。

米兰·昆德拉有一个"存在主义数学公式"：慢的程度和记忆的强度成正比。

他说："我们的时代迷上速度魔鬼，由于这个原因，这个时代也就很容易被忘怀。"

想想也是，那些一目十行的书和五分钟看完的电影，怎么可能在记忆里留下什么痕迹呢？那些几十年后依然记得的片段，都是百看不厌的佳作。

现在，我身边有不少家长，像梅子妈妈一样，总是担心自己的孩子跟不上别人。也有不少二十出头的小青年，总是焦虑自己和同龄人差距那么大。我总劝他们，长得快不如长得好，有些优势要慢慢显现。

"慢人"才是这个时代的幸运儿，当所有人头也不回地跟着时代跑的时候，他们可以一步一个脚印地探索属于自己的路。

他们或许不会成为人们口中的天才神童，但他们会在岁月里磨出自己的光彩。

他们或许也不会成为人们追逐的偶像，但他们会在时光里证明自己是多么靠谱。

慢慢成长，才会茁壮。

不是只有年轻有为才叫成功，有些人注定要大器晚成。

成功的人都懂得自我欣赏

新年过后公司加薪，突然发现自己的薪水比预期发得少，你会怎么做？

不少人会选择沉默。

年初，我就听说这么一件事，公司一个业绩冲进前三名的团队薪资涨幅突破历年新低。每个人都私下里议论纷纷，却没一个人去问为什么。

我劝他们去问问老板，得到了以下的各种回复。

A 说："估计是去年经济形势不好，整体业绩下滑。"

B 说："可能是我休假时间太长了。"

C 说："我去年得罪了一个大客户。"

到了节后，老板请大家吃开工饭，说起去年公司业绩好，感谢了大家的付出，这才有人胆战心惊地问了一句："为何业绩好，而我们的薪水却降低了？"

老板很奇怪，一问才知道是人力资源的一个乌龙，搞错了数字。

老板也是哭笑不得，从涨工资到吃饭已经快两个月了，如果没有这顿饭，他估计等到年底核算时才能发现问题。这事细想挺有意思的。得不到自己想要的东西时，有些人表现出的不是不满或者质疑，而是第一时间开始自我否定。

这种行为在心理学上被称作自我防御，简单来说，就是一个人为了压抑自己的难过，把明明不合理的事情合理化了。

"因为我错了，所以你对我不好也很正常。"

显然，这不是情商高，而是一种"病"，得治。

生活里，总能听到人问，为什么不好的事总是发生在我身上。讲真的，生活对你所有的亏欠，都比不上你给自己的那一拳。你大概也不会知道，生活的坎坷里大多有你自己的铺垫。心理学上有一种"皮格马利翁效应"：你期望什么就会得到什么。你相信自己可以成功，好事就会发生，你相信事情不会顺利，就真的不顺利。

来看一个实验：

新学期开始，加州某学校的校长对两位老师说："根据过去的表现，你们是本校最好的老师。为了奖励你们，学校挑选了最聪明的学生给你们。请你们像平常一样教他们，千万不要让孩子或家长知道他们是被精心挑选出来的。"

当然，这是个骗局。

可是两年后，这两个班的学生比其他班学生分数高出很多。

这是 1960 年哈佛大学罗森塔尔博士为了验证"期待效应"而在加州进行的一个广为流传的实验。实验的结论就是：你对自己的预期会成为你的现实。为什么会出现这样的情况？

社会心理学家 William B.Swann 的"自我验证理论"给出了一点思路：每个人都在寻求一种对外界的控制和预期，所以会不断地寻求事实去验证我们对自己的观点。也就是说为了证明自己是对的，我们会去做一些看上去"对"的事情。

同理，如果你觉得自己很差劲，你也会不断地通过在生活里受挫来证明自己是对的。所以，身边那些从小就学习好的人很少长大之后突然落后，而那些小时候就淘气不爱学习的人也要比常人付出更多的努力才能成功逆袭。

发现没有，人的失败，很多时候，其实是自废武功。

生活里最典型的例子就是婚恋中的自卑。身边不少平时自诩情商高、能力强的"职场白骨精"一到相亲场就变成了缩头乌龟，年纪大、身材差、眼睛小、皮肤黑，连赚钱多、学历高都成了缺陷。

有个女同事嫌自己长得太胖，硬是用公斤来挑相亲对象，说得找个至少能背得动她的。朋友们都说她找老公得开个奥运会。听上去是笑话，说起来都是泪。

你觉得自己不美，就会不断地用别人对你的态度来证明自己长得难看，这才出现了困扰很多人的社交障碍。

你最糟糕的那一面永远在自己眼里。

戴尔·卡耐基在《人性的弱点》里说："成熟的人会适度地忍耐自己，正如他适度地忍耐别人一样。他不会因为自己的一些弱点而感到活得很痛苦。不喜欢自己的人，表现在外的症状之一就是过度自我挑剔。适当程度的自爱对每一个正常人来说，都是健康的表现。"

而成功的人往往懂得自我欣赏。

我有个远房亲戚是个单身妈妈，年轻的时候眼光差、见识少，嫁给了一个赌徒，败光了家产，后来孩子出生之后，她却选择了离婚，看着毫无希望的婚姻，她不想让孩子承受和她一样的不幸。

她说要离婚的时候，全家人都傻了眼，有人说，快40岁的女人带着一个孩子，后半辈子怎么过。有人说，没有爸爸的孩子一辈子抬不起头。她没听，坚决地把婚离了。离婚之后，她把心思都放在赚钱和养孩子上，家人朋友却像热锅上的蚂蚁一样急着给她找对象，劝她不要挑三拣四。她还是没听。

就在所有人都觉得她再婚无望的时候，她在孩子的英语班上认识了一个年轻的外教，没多久就领证了。这次家人放心了，据说跨国婚姻还不太好离。想当初，她放出豪言"我又不比谁差，凭什么要将就"的时候，不知道受到了多少嘲讽。可她心里有一股韧劲儿，有没有爱情，她都相信自己能过得好。

我最喜欢她对人生的态度，尽最大的努力，做最坏的打算。但无论怎样绝不自我抛弃。人生最容易失控的时候，就是在否定自己的时候。那些让我们感到恐惧的事，百分之九十都没发生过。可是因为害怕被抛弃、被否定，所以往往别人还没反应，我们自己就先预设了结局。

每个人都想成为三观正、修养好，又能给人很多正能量的人，可是，一个人心里没火种，根本不可能有光芒。而要想做到这一点，你不能抓着自己的缺陷不放。

成功是要把天赋练到极致，而不是跟自己的缺点没完没了地死磕。

让爱因斯坦唱歌，让莫扎特画画，让梵高踢足球，世界该有多搞笑。

成熟就是懂得取悦自己。而取悦自己就要适度容忍自己的不足。有些缺点可以通过后天的努力改变，但你得承认人与人之间有天赋的差距。

大多数的失败都是从自我否定开始的。有时候，你觉得自己很棒，生活给你再多的刁难，你也不会放在心上。但如果你觉得自己差劲，再好的日子也举步维艰。

所以，生活对你所有的亏欠，都抵不过你自己这一拳。所以，给自己加加油、打打气，就是给你的未来铺路。

失误怕什么，人生拼的又不是失误率

　　我叔叔常说的一句话就是："失误怕什么，人生拼的又不是失误率。"因为这句话，他成了家里的另类。

　　年轻的时候，所有胸怀大志的年轻人都奔向工厂的时候，他偏偏要去学做生意，顶着全家人的反对，去商场里当了一个服装柜台的售货员。那时候，如果一个人从商，全家人都会被人看不起。所以大家没日没夜地劝他，想尽了各种游说的方法。最终，被他一句话顶了回来："你们担心什么，失误就失误呗。人生拼的又不是失误率。"

　　没过几年，工厂开始渐渐不景气，当初一头扎进工厂里的人都陆续下岗了，而商业却开始蓬勃发展，北京陆续建了好几座大型商场，叔叔的事业也开始蒸蒸日上。邻居们开始暗暗地赞叹他当初小小年纪就这么有远见。

　　谁承想，好日子没过多久，他就嚷嚷着要辞职下海，借着一个外国服装品牌进入中国的机会，做起了销售代理。这一举动，自然又招来了全家人更强烈的反对，大家都劝刚有了孩子的他老老实实在国营单位上班。这一次，他当然还是没听话。

老天没有一直眷顾他，那次下海他赔了很多钱，几乎让整个家族陷入困境。最后，几经波折，终于有了现在的家族企业。

他是我们家最有钱的人，但我挺不喜欢他，总觉得他仗着自己是爷爷最小的孩子，任性妄为，常常让家人担心，可妈妈却说，全家人里我跟叔叔最像。我不愿意承认，但他常说的那句话还是深深地印刻在我的脑海里。

在我心里，最像叔叔的是他女儿，也就是我堂妹。

堂妹从小就喜欢画画，所以大学读了自己最喜欢的服装设计。她说要做一名独立设计师。我一直觉得她有这个天赋，也有这个家底。其实凭借叔叔的关系和经济实力，她轻而易举就能在同辈之中脱颖而出。但是，大学四年里，她还是毫无保留地倾注了全部的心力，假期里，同学们忙着旅行聚会的时候，她多半在实习，甚至不要一分钱薪水。

有一次，我们约好出去吃早餐，她说自己晕晕乎乎地爬不起来，我只好买了麦当劳去找她，才发现她的书桌前堆满了设计图，她整整一夜没睡，给一个制衣小店设计一件柜台展示的衣服。朋友们瞧不上的工作，她却从来不嫌弃。

毕业那年，她花了整整半年的时间，完成了一套毕业设计，却被认定为抄袭。那时，她和一个女孩同时交了一套礼服的设计，女孩拿出了底稿，她却没有任何证据。那个女孩是她的室友，也是闺密。

那是我第一次看见她歇斯底里，因为她一向什么都不太在意。在她的据理力争下，学校给了她两个选择，退学或者延期一年毕业。她选择了后者。

我以为她会颓废一阵子，却没想到，她比过去更加努力。

我以为她假装没事，担心她压抑情绪，所以我有事没事就会去找她聊天。

有一天，她突然跟我说："姐，我没事。你不用老陪着我。"

"真的没事吗？"

"是啊，谁还没个看走眼的时候，下次小心就行了。人生比的又不是失误率。"

我笑了，果然有其父必有其女。

最近，看奥运会女排的比赛，让我想起了小时候打排球的日子。

我上中学的时候，因为长得高，参加了学校的排球队。我们学校虽然是市里的排球传统学校，但那几年我们队的成绩一直不温不火。

我记得接触排球的第一天，教练就说，排球这个项目，讲求的是稳扎稳打，防守永远是最重要的。只要你守住，对方早晚会失误。所以，我们的训练一直围绕着如何加强防守。成绩虽然稳定，却始终没有突破。

后来，学校里突然来了一个年轻的女教练，一改过去的训练风格。到现在，我还清楚地记得她在第一堂训练课上说的一句话：只守不攻是注定要失败的。

于是，我们全队开始向进攻型转变。那时，她的训练方法饱受争议，因为随着得分率的提升，我们的失误率也在不断增加，我们的成绩开始大起大落，有时候，能够接连击败好几支强队，有时候，却莫名其妙输得一塌糊涂。

女教练却不太在意，只是让我们继续努力。那时候，我们并不懂她的用意，只是很享受在一场场比赛中奋力搏杀的感觉，渐渐地，我们的成绩开始突飞猛进，在我初中毕业那一年，还拿到了全市第二名的好成绩。比成绩更让我惊喜的是：我们的队伍充满了活力和士气。

几年前，我们去看望教练的时候，还提起这段往事，她说那时的我们是一支死气沉沉的队伍，我们并不是缺少实力，只是缺少了一股破釜沉舟、决不退缩的勇气。

中国人常说：多做多错，少做少错，不做不错。这句话无形之中影响着很多人，虽然他们没有犯过什么大错，但仔细想想，他们其实根本什么事也没有做。避免失误，也只是用来掩盖一个事实：他们其实不敢努力。看到别人成功的时候，很多人都会有这样的想法，如果我拼尽全力，也一定能得到这样的成绩。

但是，人与人之间真正的差别往往就在于你敢不敢拼尽全力。

这个道理放在感情里也是一样。人们常说，爱让人变得盲目，所以大部分人因为害怕失误，在感情里都会有所保留，仿佛付出少的那一方可以赢得这场爱的较量。但或许害怕失误，只是为了掩盖我们无法全心全意爱一个人的无力。

《心灵捕手》里说："成功的含义不在于得到什么，而在于你从那个奋斗的起点走了多远。"

所以，我常在想，我之所以如此害怕失误，是因为失误让我非常讨厌自己，当我被幸福拒之门外的时候，我就开始怀疑自己的价值。但渐渐地，我开始发现，所谓失误也不过是一种谬误，你想要去一个地方，以为自己不小心走错了方向，但可能那只是老天想要给你安排一条更美的路。

人生真的不是一场比拼失误率的较量，如果真的存在一种失误，那一定是我们不曾尝试，就妄图去猜测结果。

那些看起来很美的时光，不过就是死扛

每天下班，我都会路过一家花店，门口放着一个红色的邮筒，有两扇大大的落地窗，望进去，里面有各式各样的花束。店里摆放了几张桌子，通常都有客人坐在那里边喝咖啡边看书。每次路过，都能闻到一股浓郁的百合香味。花店的老板是个年轻的女孩，偶尔能看见老板娘在店外摆弄一些花束，她经常穿着一件白衬衫，系一条淡绿色的围裙，头发松松地绑成马尾，有一种出世的淡泊优雅，不张扬，不掠夺。

开一间花店，大概是每个女孩都有过的梦想，而后又成了大多数人的幻想。所以，有时候，街边的一家花店会承载很多路人的梦。于我而言，这间花店就是这样一个存在。有一天，我终于不必匆匆赶路，有时间走进了花店。

花店里面，和外面看起来一样美，只是百合香味更加浓郁。这一天，我是唯一的客人。老板娘笑着给我递上菜单。这时，突然一个西装革履的人走进花店，径直走向老板娘语气傲慢地对老板娘说："想好了吗？"

他的样子活像电影里收保护费的黑社会。

老板娘急忙满脸堆笑着从吧台后面拿出一瓶依云："不能再谈谈了吗？"

"这么好的位置，给你这个价格这么长时间，咱不能一直占便宜呀。"那人挑衅地看着老板娘，嘴里毫不留情。

老板娘无奈地点点头："再容我想想吧。"边说边装了几瓶啤酒塞到那人手里。他才大摇大摆地离开。

我点了一杯巧克力，却没有心思看书，目光总是不自觉地望向吧台后面愁眉不展的老板娘。

有一些生活，真的只是看起来很美。

自己创业的人大多会成熟一些，他们极少会像我们一样羡慕或者膜拜大神，也极少侃侃而谈自己那看上去自由又美好的生活。曾有一次，我想邀请一个创业多年的朋友在群里分享如何实现人生的理想，他拒绝了，他的理由是这有什么可分享的，不就是死扛吗。

的确，所有看起来极其复杂的事，最终都有一个简单的规律。

我还认识一个朋友，教烘焙课，她的朋友圈里都是自己做的各种各样的美味甜点和视频教程。视频里，她打扮得美美的，熟练地摆弄着各种原料。却没人知道所有的视频都是深夜拍的，为了配合当下的潮流文化，她还要开始直播。有直播的日子，为了不耽误白天的生意，她四点就要起来化妆。

说起生活，就是一句歌词：白天不懂夜的黑。

出国留学的人说起国内的亲戚朋友，大多是一把鼻涕一把泪。我有一个大学同学，家里条件特别好，大学毕业之后就去了美国中部的一所公立大学读研究生，出门就能看见森林，偏僻得连调味料都要开车几十公里去买。每天看不完的书，写不完的作业。可是国内的同学却都觉得她来美国享清福，享受着新鲜的空气，吃着健康安全的食品，甚至有人觉得她像《绯闻女孩》里的女主角一样每天无所事事地开车兜风闲逛。时不时有人突然发来一张包包的大头照，加上一句："帮我看看这个贵不贵吧。哪里便宜帮我来一个。"

每次见面，她都要给我展示一下这些让人哭笑不得的信息，然后跟我说："让我帮你买没问题，可是谁有时间给你货比三家啊。"

"谁让你朋友圈里看起来那么美呢。"我说。

"难道我还天天哭啊。"她说得无可奈何。

有些人并非恶意，只是不理解，能说出来的苦都不是真的苦。

我在美国念书的时候，每年回国和一大家子亲戚吃饭的时候，他们都无比羡慕我，家长们羡慕我爸妈有个这么争气的孩子，孩子们羡慕我在国外过着自由自在的日子。老大不小还没结婚的表妹总跟我说："姐，我就羡慕你，在国外海阔天空没人管，也不用理那些爱管闲事的人。"她说的是我们那些总是要给她介绍对象的七大姑八大姨。

每次听了，我只能笑笑，她不知道我有多羡慕一家人在一起的热闹，也不知道留学在外的单身姑娘们是多么希望有人给她们介绍对象。在北京生活的人，无法理解在路上走了一个小时看不见一个人的无奈，也无法理解除夕夜里一个人赶作业的辛酸。

有时候，必须得承认，死扛的人生挺惨的，不过更惨的是，你根本找不到一个不死扛的理由。

花店的老板娘要面对飞涨的租金，但她享受着自给自足的小日子，远离拥挤的人群和狭小的格子间，也不必仰人鼻息；教烘焙课的老师要面对激烈的竞争压力，但她享受着和面团玩耍的乐趣和家人品尝到她亲手做的蛋糕的骄傲；远走他乡的留学生们面对学业、语言、独自生活的恐惧，但经历了这一切的他们，日后必不会再轻易被寂寞打败。

我向往轻松惬意的人生，但与之相比，有另一种生活更有吸引力，叫作无懈可击。而现实中，大部分人无法找到无懈可击的人生，因为不懂得如何忠于内心去做选择。

当你被要求去读一个高价值、高收入的专业，当你被要求从事一个光鲜的职业，当你迫于压力走入一段婚姻，你其实已经放弃了一个无懈可击的机会。当然不是每个人都想做无懈可击的战士，不是每个人都相信这是必须的。只要你还有恐惧，还在用别人的标准生活，你根本不可能无懈可击。

无懈可击需要一种笃定，只有一个渴望来自内心，你才能无条件地相信。它意味着你既不怀疑，也不妥协，是一种忠于内心的选择，你不必苛责自己，但在可以做到的范围里，必须竭尽全力。然后，你就会发现，一切的结果不过是一种附带。

死扛其实是一种美好，因为那件让你愿意死扛到底的事，那件叫作梦想的事已经被很多人遗忘。

你比想象中更美丽，也值得拥有更多

上个星期，一直在公司默默无闻的小晨同学成了公司的焦点。有一天下午，他端着两杯星巴克走进老板办公室，两个人进行了一次历时两个小时的深谈。第二天，公司公布了两个决定，小晨升职了，所有和他相同职位的人都加薪了。大概很多人都猜到是怎么回事，小晨拿着自己在公司两年的成绩和同行业的薪资水平，争取到了一些福利。

我还清楚地记得几个月前，另外一个同事悄悄地跑来问我，怎么跟老板谈升职加薪的问题。我很欣慰，因为她终于觉得自己应该升职了。我们聊了很久，我甚至帮她想好了一套说辞。但几个月过去了，她什么也没说。如果不是托小晨的福，她恐怕还是原地踏步。

在我眼里，这个小姑娘比小晨工作得更认真辛苦，每次我提醒她其实她值得拥有更多的时候，她都会有各种借口，工作经验不足，项目做得不多，工作不够细致，然后细数这几年来自己犯过的错。那一次我印象很深刻，以前我只是觉得她很谦虚，后来我才发现，她只是在逃避。对于有的人来说，越想要的东西，越躲得远远的。越喜欢的东西，越要否认。

升职加薪其实是一件小事，但大部分人却习惯了等待，总希望有一天，你的好会被人看到。但或许在你心里是害怕被人看见。以前，演讲比赛特别紧张的时候，老师总说，不要害怕，把下面的人都当成大白菜就行了。我发现，当我们暗示自己没有人会对自己的表现提出反馈的时候，我们更容易展现自己。

归根结底，我们害怕的是被评判、被拒绝。害怕，是因为我们分不清"我的要求"和"我自己"。如果，每一次被拒绝，都和你本身的价值无关，你会不会勇敢一点？

上大学的时候，有一个师妹，是个南方女孩，眉清目秀，说话慢悠悠的，为人处世也很周到。女生宿舍里难免有些摩擦，但她总有一种洒脱，对所有的事都是淡淡的，唯独一件事，让她苦恼了很长时间，她总是让自己陷入一段又一段苦苦的暗恋中。

她说自己从小就这样，热衷暗恋，总是喜欢那些看起来不可能的人。大学里，她喜欢上了我的一个同学，是个体育生，头脑没那么灵光，但人特别单纯简单，是个阳光大男孩，因为长得高高大大的，当时迷倒了不少小女生。她喜欢上他我觉得还挺有眼光，在这个充斥着学霸的校园里，他是一道不一样的光。于是，我帮她制造了好多机会，偷偷地问到了他的课表，带她去参加我们的班级聚会，想方设法地单独让他送她回家。

在我的推动和鼓励之下，他们在一起了，但这却是我这辈子做过最蠢的事之一，不是所有女孩都能成为袁湘琴。

她渴望的美好和甜蜜持续了很短的时间，他们就开始因为一点小事争吵。我知道是她有点矫情，但还是劝我同学多给她点安全感。

现在回想起来，这段恋情以悲剧收场几乎是必然的。他给她多少安全感都是不够的，他们的爱缺少一个基础：匹配。不是她在精神上不匹配他，而是她不能匹配自己心里所谓定义的美好，她从未真正相信自己值得拥有一个好男孩。

这个世界上，好像每个人都觉得自己不够好。

但是，你真的不好吗？多芬曾经邀请一位 FBI 职业人像画师根据一个人对自己的描述和朋友的描述画出两幅素描，当这两幅素描摆在当事人面前时，他们都感慨万千，他们从没想过在他人的眼中原来自己那么美。多芬用这个创意制作了一个 3 分钟的广告《你比想象中更美丽》。据统计，只有 4% 的女性对自己感到满意，而真相是，你不是不够好，你只是觉得自己不够好。

我喜欢看 TED 演讲，其中有一个我特别喜欢，叫《大人能从小孩身上学到什么》，主讲人叫邹奇奇，是个美籍华人，她曾被美国媒体誉为"世界上最聪明的孩子"，她 6 岁开始写作，8

岁的时候出版了第一本书《飞舞的手指》。在演讲里，她说起自己出书的经历。她说，一个很大的儿童出版社说，他们不跟儿童打交道。她没有觉得是自己写得不好，而是觉得很搞笑，因为这家出版社怠慢了一个大客户。

这就是孩子的世界，他们从来不说自己不好，而是每天忙着互相炫耀。而大人呢？男人总觉得自己才华太少、赚钱太少，女人觉得自己肚子太大、腿太粗或者皱纹太多。"我不够好"是成长中最大的内耗。

所以，那时的我其实不应该急于让小师妹投入一段不适合她的感情，而是应该先让她看见自己的可爱。

我也认识一个内向害羞的女孩，为了对付自己的恐惧，强迫自己去参加聚会，交朋友，强迫自己去与人交谈，几个月后她没有变得更会说话，反而陷入抑郁。每个人都知道要面对恐惧，需要靠勇气去突破自我，但是勇气不是来自意志力，而是来自智慧和领悟。

想想看，有多少次跟自己说要爱自己、认同自己，最后还是以失败告终，因为你始终不明白自己所恐惧的东西其实并不存在。

就像我最喜欢的灵性导师杰德·麦肯纳曾经说过："开悟者无法视任何事为错误，所以也不会想去修正。没有什么是比较好或比较糟的，又何必去调整？开悟者视生命为一场梦，所以，他们怎么可能区分对错或善恶？一件事怎么会比另一件事更好或者更糟？梦中有什么事是真正重要的？在这个真切的世界里，把一切想成虚幻很难，但如果你能了解所有外在的东西都与你本身没什么关系，就可以减少很多无谓的消耗。"

我们都不是开悟者，无法清晰地理解自己真正是谁，所以，我们还需要认真努力地生活，让自己变得更好，让每一个人都值得认可，但是你不能依靠这些认可来喂养自己，否则总有一天你会活不下去。

大多数人都记得自己经历过的成功与失败，但极少有人计算过自己因为恐惧失去了多少机会。其实，你并不是不够好，只是有一点胆小。即便被世界抛弃都并不可怕，可怕的是在世界抛弃你之前，你先抛弃了自己。

第三章

人生拼的是效率，而不是时间

很多人把时间浪费在无效的社交上，浪费了时间，还拖累了自己。朋友不需要多，聊得来最重要；社交也不需要广，对自己有价值最重要。

工作上的认同，从来不在热闹的朋友圈

早上等电梯的时候，闲来无事，打开朋友圈，满屏的微商广告，我叹了口气，关上微信。难怪大家都不爱发朋友圈了。说起朋友圈的衰落，令不少人扼腕叹息，朋友圈里的朋友越来越少了，人与人之间的距离也越来越远了。

可身边有些人说起这种现象，却是掩饰不住的喜悦。同事小马就是其中之一，被解救的点赞党。

说起他点赞的功力，同事们都佩服得五体投地，经常像设置了提醒一样，只要你发朋友圈，他一定神速点赞，顺便在评论区赞美两句，和谁都能聊上几句，俨然办公室里的小网红。公司不少内向的同事私下里都羡慕小马这种活泼开朗的性格。

可我知道他的职场之路却没有想象中的顺利。入职四年，每年拿着平均数的奖金。升职加薪年年都轮不上。看起来和每个人都很熟，却没有一个真正为他说话的人。我劝他好好跟着一个团队认真干，他却固执地觉得升职是投票决定的，少数服从多数，他的失败肯定是哪个老板没有伺候好，还举出公司这几年平步青云的成功案例。

然后，认真地总结起自己可能出现过的失误，投入下一轮社交战。

小马其实很聪明，他知道社交时代，主动热情的人吃香，但也很傻，他忘了当一个人的实力配不上他的热情，就会出现一种信任危机。那些他眼中的社交达人，都是工作里最靠谱的人。

人不怕笨，怕的是自以为聪明。

社交的本质就是一个贴标签的过程，你所做的努力，无非是想让别人记住你的独特。可惜，一个人的形象并非网络上那几句只言片语就能构建，更何况那些不过是言之无物的评论和可有可无的赞美。工作上的认同，从来不是朋友圈里的热闹。

公司里有个同事，从不在朋友圈出没，除了在微信群里收通知，很少和我们互动，基本处于失联状态。可他并没有因此而受到冷落，相反，大家都喜欢和他一起工作，职场更是一路高升。上班时，他从来不会和你寒暄家常。加班时，也不会拎着晚饭到你办公室，吃上半天。每次看见他，都是对着电脑奋笔疾书，和他一起工作，最深的感受就是踏实。

职场从来不欣赏点赞之交。没有一种存在感是点赞刷出来的。

几年前，有个朋友辞职创业做起了宠物社交平台，自己默默地耕耘，我想帮着介绍点朋友给她，于是把她拉进了几个微信群，虽说没什么大牛，但强大的社交网络里总能积累一些朋友。

过了一段日子，我问她，有没有在群里找到什么资源。

她摇摇头说："我没加人。等我做出点成绩吧。现在加了，也不知道说什么。"

我想也是。很多厉害的人和你看起来很近，其实很远，因为你们根本没有能聊到一起的话题。即便加了好友，到最后，你也不过是他无数个点赞的人之一。这样的关系，等于没有。

微信群里，经常会遇上一些不知道为什么加你的人，你同意添加好友之后，他们甚至不会和你说话，只是日后你的朋友圈里莫名多了一些赞。

曾经有人跟我说，聊胜于无。多一个朋友总是好的，多做一点总比少做好。就像点赞之于小马，动动手指，只是一件小事，但别忘了，你的每一次出现，说过的每一句话都在帮别人勾勒你的形象。最怕你的热情，落在别人眼里，就成了浮夸。

朋友之间，亦是如此。那些经常在朋友圈里点赞的，往往是最孤独的人。前两天，一个姑娘跟我吐槽说自己的好朋友都是白眼狼，自己经常给自己的朋友点赞，可是，从来没有人给她发的朋友圈点赞，那些她珍视的朋友从来不把她放在心上。

我能想象她每天在自己的朋友圈里等待回应的样子。

她问我："好朋友难道不需要常联系吗？"

我说："好朋友是不需要在微信里经常联系的。退一步说，即便是生活里不能经常联系的朋友，也不能靠点赞来维系感情。"

我一直觉得点赞是微信最无用的功能之一。我们对彼此的需要，哪里是一个心形图案就能满足的？点赞只能锦上添花，不能雪中送炭。

其实想想，为什么好朋友会沦为点赞之交，还不是明明已经要走远，却非要假装很要好。可惜，几个赞，不会让你和朋友变得更亲密。

Sherry Turkle 在 TED 有过一场精彩的演讲《保持联系却依旧孤单》。Sherry 的朋友曾经问过她："难道那些微小的简短的在线交流的片段，加在一起不能等同于真正的交谈吗？"Sherry 的答案是："不能。"

她说，这些小片段可能表达了"我想你""我爱你"，但是，不能真正地了解和理解对方，我们需要面对面地交谈。

可能很多人做不到，但至少我们应该学会推心置腹地交谈，而不是用点赞来表达真心实意。

人与人之间的交往必然有一定动机，未必是出于功利目的，但至少得到一种精神上或者情绪上的慰藉。当我们去社交的时候，我们希望这些人在未来可以成为我们的资源。当我们和朋友闲聊时，我们渴望排解忧虑，分享喜悦。

但无论哪一种需要，点赞都无法满足。

有人说，好朋友之间不需要常联系，偶尔也是用点赞来维系。可是，别忘了，那是好朋友。当这三个字出现的时候，已经界定了两个人感情的基础。点赞只能锦上添花，不能雪中送炭。如果在另一个人眼里，你不存在，你点多少次赞也刷不出存在感。

心理学家阿德勒曾经说过："我们生存于与他人的联系中，如果我们选择孤独，便等于选择了死亡。"

存在感有多重要，我懂。但有一点更重要，我们得学着让这些连接变得厚重一点。

把时间留给说话不累的人

上周五的午饭时间，同事花花突然拿着星巴克的咖啡和三明治到我办公室，死活要请我吃饭。她知道，我平时喜欢以"工作太忙"的名义躲在办公室里吃三明治，社交对我来说是一种消耗。看着她一脸尴尬地出现在门口，我就知道，她有难了。

果不其然，她屁股还没坐热，就有人敲门，我正要开口，花花就比了一个手势，示意我帮她解围。我走到门外一看，是新来的女同事C来找花花吃午饭，看样子，花花是在躲此人，我解释了半天我们有公事要谈，那姑娘才悻悻地离开。

花花默默地擦了一把冷汗，松了一口气。我忍不住笑了，终于连公司最好欺负的软妹子也受不了她了。

C同学是个神人，才来几个月，就成了过街老鼠，人人都想方设法地躲着她，有时候，中午聚餐，还要分期分批地出门，找个离办公室好几站地的餐厅，就是怕被她撞上。

要说这个C同学，从上到下，怎么看都没有硬伤，长得不难看，学历背景不错，办事靠谱，为人谦逊，所有见过她的人都觉得她一定人缘很好。可就是没人喜欢她。

以前，我觉得是个别同事太挑剔，可是和她聊过几次后，我就懂了，为什么一向宽容大度的同事一致对她不满，因为跟她说话太让人累心。

说一件小事。有一次，她约我吃午饭。这原本是一件特别简单的事，可她就是有本事把简单的事搞得特别复杂。光是商量在哪儿吃，就折腾了我大半天时间。

我对吃饭很随意，更何况我觉得同事之间吃午饭，沟通感情比吃什么更重要，所以全权交给她选择，吃什么我都没意见。可她有严重的选择障碍，选了半天也挑不出一个想吃的。看她纠结的样子，我就提议干脆叫点外卖回办公室吃，清净又不用等位。

她说好不容易约一次饭，还是要吃点好的。我想想也对，那时候天气还冷，就建议去吃火锅，热腾腾的，挺不错。她说不好，吃火锅满身都是味道，嘌呤又太多，不健康。于是我说，去吃新元素，味道一般，但好在健康。她又说价钱太贵还不好吃。几个回合下来，所有提议都被她否决了。

本来，我们打算 11 点半去餐厅占位，结果，折腾到了 12 点钟，所有餐厅都没位子了，只好买了两个三明治在办公室吃。这样，花了大半天的时间，又绕回了原点。最后，我连吃饭的心情都丧失了大半。

不只是吃饭，她也经常喜欢找同事们咨询，而问题往往是谁也无法替她做决定的事。比如到底什么时候该出国读书，什么时候该考虑部门之间的转换，可每次都是你给了她一个选择，她总有各种理由来否定你的提议。说来说去，问题没有得到解决，时间却大把大把地消失不见。

鲁迅先生说："生命是以时间为单位的，浪费别人的时间等于谋财害命，浪费自己的时间，等于慢性自杀。"特别是在这个没爹妈可拼，只能拼时间的时代里，不浪费时间是一种基本修养。我理解她那颗纠结的心，毕竟我也是个经常拿不定主意的天秤座。纠结，无非是为了追求完美，什么都不敢，又什么都想要。

每个人都未必清楚地知道自己想要什么，也未必能找到一条完美的道路，但是涉及别人的时候，你就得收敛一点，至少不要让自己的问题困扰别人。否则，当你的朋友该有多累心呀。

我上大学的时候，隔壁寝室有一个姑娘就是那种一开口就让人不舒服的人，她唯一的爱好就是挑战别人的观点，俗话说就是"抬杠"。

有同学在朋友圈发表个什么观点，她在下面的回复都看得我心惊胆战。同学称赞某家餐厅的菜好吃，她一定会追一句"哪里好吃，咸得要死"。同学感叹国外的景色多美，她也一定要说一声"被歧视的时候就不美了"。

大家经常说，和她聊天唯一的感觉就是不在一个频道，聊不下去。每每有人发表个什么观点，她总能抛出一个相反的论点和论据，有时，大家只是随便说说，她总喜欢争个对错。有时，大家认认真真坐在一起讨论，她又很容易生气，你不知道哪句话会挑动她敏感的神经，原本有意义的讨论却变成了毫无意义的争论。

朋友们评论起和她聊天的体会就是四个字：浪费时间。想想这样的人真奇怪，你赢了辩论，却输了人生，何必呢？

现在的人大多压力很大，朋友在一起图的不过是个轻松愉快，可有些人就是不明白，人与人之间的相处靠的不是道理，而是感觉。在这个充满压力和紧张感的时代，不给朋友添堵是一种修养。

现在很多人都在说情商，其实情商高最基本的一种表现就是和你聊天，别人不累。怎么不累？我有几点小建议。

一是，不要自说自话。蔡康永说过："想要扮演一个'最上道'的朋友，一个最高原则是尽量别让自己说出'我'字。"说话是为了沟通，沟通的目的要么是扩展认知，要么是排解压力。如果，说话的价值小于不说，那沉默才是更好的选择。

二是，承担属于自己的责任。生活里，有很多人喜欢不停地提问，又常常纠结于各种选项，看上去是对人生思考颇深，其实不过是心理上的一种逃避。你可以期待朋友帮你权衡利弊，但你不能要求别人帮你做决定。对于那些你必须自己面对和选择的问题，有时讨论是没有意义的。

三是，不要输出情绪。朋友经常说，和不成熟的人交朋友会死很多脑细胞，主要因为他们情绪不稳定，说到最后，往往变成了你要安慰他们的情绪。每个人忙着处理自己的情绪都来不及，你还要给别人增加心理负担，谁会开心呢。

四是，尊重别人的三观。很多人说，三观不合的人不适合做朋友，我不太认同。且不说人的三观是一个非常复杂的体系，即便是那些三观明确的人，也会随着年龄和阅历的增长而改变。生活里，我们接触的大部分人是三观不一致的人。交朋友讲究的是气度，你有自己的三观，也要允许别人有他们的三观，才是成熟的交往方式。

每个人的时间都很宝贵，所以人们每天都在努力戒掉那些浪费时间的电子产品和社交网络。但其实，真的浪费一个人时间的不是无声的朋友圈，而是每天和你说话的那些人。

你一定不知道自己每天浪费了多少时间在毫无意义的对话里。而这些对话很大一部分来自让你说话累心的人。所以，把时间留给说话不累的人，就是对自己最大的负责。让自己变成一个说话不累的人，就是对别人的善意。

讨厌一个人只会浪费自己的时间

前阵子，朋友问我："你有没有打心眼儿里讨厌过一个人？就是那种你怎么看都不顺眼，一想起来就膈应，恨不得这辈子都不要再见面的人。"

我仔细想了一下，这些年遇到过不少讨厌的人、堵心的事，我也经常向他抱怨，现在的人怎么都这样。可他冷不丁地一问，我还真无法从记忆里迅速搜索出一个答案。

我摇了摇头。我讨厌过很多人，可真要是点名道姓地说出一个名字，真的没有。

他"切"了一声，来了一句："就你心大。"

我哭笑不得，脑子里默默地飘过一句"所有被撑大的心上都是千疮百孔的"。这几年，我亲身验证了一句话，小时候没受过苦的孩子长大之后不会太顺。职场和情场都是明枪易挡，暗箭难防，连友情的小船都是说翻就翻。

朋友们经常好奇地问我："为什么这些打击都没让你倒下？"

以前，没好好想过，后来仔细分析了一下，我才发现，不是什么内心强大，而是太穷了。

职场上，被同伴黑得最厉害的那段日子，我们家刚贷款买了房，为了加班费，每天找老板说自己太闲了。一个人扛两个人的项目，没太考虑事业发展，就想着先把钱拿到手再说。情场上，被前任伤得最深的那段日子，我正在美国读书，几乎花光了全部的积蓄，还向亲戚借了一笔钱，为了赚外快，四处找兼职，每天掰着手指过日子。

后来，我就发现了一个秘密，只要遇上烦心事，一想到赚钱完成自己的目标，百病全消。

有钱了，人反而更计较了，因为有时间对比，有精力衡量，也才发现，人原来这么面目可憎。

生活里出现讨厌的人大致可以分为两类。一种是猝不及防，一种是长期困扰。前者考验的是一个人处理情绪的速度，后者考验的是一个人骨子里的抗挫力。

先说第一种。人的一天，无论你怎么过，都避免不了与人互动，哪怕你宅在家不出门，也免不了在网上与人聊天互动。不爱社交的人很多，一点不社交的人，从来没见过。但凡与人有交集，就会遇到讨厌的人，有时躲都躲不开。

特别是服务行业，每天面对形形色色的人，他们层次有别，癖好各异，你根本无法预知对方以什么样的行为举止对待你。

你能管的只有自己，不能让讨厌的人浪费你的时间，把精力用在赚钱的效率上。

这个道理，早想明白的人，优先取胜。每天上班，我都会路过一个小菜市场，因为地理位置优越，方圆十几里又都没有竞争对手，所以摊位不是按年收费，是按月的。租金月月涨，秒杀房价涨幅。所以，几乎每次去，都会看见新面孔，根本没几个人能扛得住。

但总有个能生存下来的，还活得很好。有一段时间，我仔细观察了一下，那些坚守了好长时间的小贩是怎么做买卖的，特别是一个大姐，简直是菜市场里的人中龙凤。她的成功就是高效率，她不仅手脚麻利，心里对价钱有数，更重要的是不纠缠。遇见不讲理的客人，三下五除二卖完打发走。碰到嘴里不干不净的同行，也假装什么都听不见。

菜市场每天都有人争吵，她除了卖菜一句废话都没有。有一次，丈夫正要跟别人拌嘴，她一把推他到西瓜车前，嚷道："赶紧赶紧，这么多人买瓜，你居然还有时间吵架。"

这样的人，简直就是时间管理的大神。时间很贵，不过比时间还贵的是你的关注。一个人的生活品质不仅取决于你如何打发时间，更取决于你做事的心态和情绪。你是专心做最重要的那件事，还是把时间浪费在无关紧要的事情上，决定了你会拥有完全不同的人生。

还有一种讨厌更考验人，会长期折磨你。你们三观不合，话不投机，但他偏偏就在你的生活里存在着，甚至是抬头不见低头见。这种人叫冤家。

冤家的可怕之处就在于持续不断地挑战你的情绪底线。对于这样的人，我基本有两种态度：要么忍耐，要么离开。

离开很简单，惹不起，我躲得起。可如果躲不起，那只能忍。忍字头上一把刀，那种难受，我懂。可越是这种时刻，越能看出差距。现在的人都讲究自律，时间管理的攻略更是满天飞，可一个人最需要管理的不是时间，而是你的关注点。一个人最高级的自律，不会和不值得生气的人浪费时间。

这几年的职场经历让我感触最深的一点就是，任何的专业知识和实践经验都比不上不带情绪做事的能力。

心态最影响效率，有时早上生一口气，一整天闷闷不乐不说，干什么都心不在焉。满脑子都是这人太缺德，那人太变态，等到心情略有好转，太阳已经下山了，这一天什么也没干。按照一个月 5000 元钱的工资来算，亏了 250 元钱，至少能吃三顿饭吧。

活得越精明的人越不容易讨厌别人，因为时间太贵了。如果对你来说，讲修养、论境界，你觉得太难做到，那不如就想想讨厌一个人要损失多少，那样你就不愿意和讨厌的人浪费时间了。

原谅才能让你成长

愤怒，可以让一个人变得很努力，但也可以让人失去很多。

上大学的时候，有一位从农村来的男生，让我印象最深刻。他从小被全家人寄予很高的期望，一路走来，他的成绩从没出过前三名，一直是父母的骄傲。高考的时候，他只报了一个志愿，没人怀疑他考不上，但他却失败了。这一次，他让父母成了全村人的笑柄，父母有很长一段时间很少出门，也不参加聚会。

他说，从那以后，自己越来越努力，因为不想被别人看不起。那些刺耳的冷嘲热讽，在他的脑海里挥之不去，每每想起，他还是愤怒不已。有人说，他一直活在别人的评价里，但不可否认，心中的愤怒让他变得更努力，支撑着他这么多年来从不妥协地生活。

这是我第一次知道，愤怒也会给一个人力量。大学毕业之后，我们离开了简单的生活环境，看到社会上越来越多的不公平。即使你不羡慕那些含着金汤匙出生的人，也会因为有人嘲笑你的努力、抹黑你的成绩而让你奋起反击。

后来，我又发现身边越来越多的女孩，因为被心上人嫌弃，愤怒之下努力把自己变成了女神，抑或是因为被评判和歧视，生生地把自己变成了"女金刚"。我以前觉得，这并没有什么不好，无论原因如何，结果是好的就行。但渐渐地发现愤怒所带来的成就会让一个人失去更多。

以前，有个女同事Z，工作能力很强，也善于运用女性特有的柔和气质和客户打交道，很多难以摆平的事情她都能搞定。几年的时间里积累了不少资源，事业做得风生水起。后来，总部空降了一个新上司，他从到来的第一天开始，就不停地打探Z的客户信息。Z起初觉得跟上司合作会有助于她的事业发展，但渐渐发现，她的很多客户莫名其妙地变成了上司的熟人，却没人知道她任何的功劳。她愤怒地辞职，加入了一家竞争对手公司。

Z离开了束手束脚的工作环境和讨厌的上司，她的事业越做越大，很快开始和上司面对面地争夺客户，胜多负少。我最近在一个项目上见到她，发现她变了，咬住对方一个小瑕疵不放。以前她经常跟我说，来日方长，要放别人一马。可是现在，她却如此咄咄逼人，趾高气扬，变得不再友善。

有不少同事羡慕她，特别是女同事，她们觉得一个女人，可以在一群男人中间呼风唤雨，霸气非凡。Ann却悄悄地问我，觉不觉得 Z 变老了？我仔细观察了一下，还真是，Z 以前给我的印象是皮肤白皙、眉目清秀，穿什么颜色的衣服都恰到好处。可如今，化浓妆的她，着实不如以前好看了。

韶华易逝，红颜易老。所以女人总是想尽办法，不让自己变老。不过一个人的年纪其实很难隐藏的，因为还没有一样化妆品可以遮盖眼神里的恨与伤。一个人的心境更难掩藏。

生活给了每个人痛恨这个世界的机会，因为它可以让你变得很愤怒，但依然有人选择不这么做。

林青霞跟说过：对于生命里那些我们无法处理的痛，面对它，接受它，处理它，放下它。

我在刘嘉玲的一次专访中也听她说过这句话。这个单枪匹马从内地到香港发展的小姑娘，连讲话的口音都被人诟病，后来又遭遇了绑架事件，她撑过了一道道在别人看来都难以逾越的关卡，变得越来越坚强。

但这几年，她变得越来越放松，也越来越柔软，并没有把过去的愤怒带到生活里。不是因为她 15 年都能穿上同一件衣服站在同一个人身旁的自信，而是她学会了向这个世界最好的反击就是忘记。

我也曾经恨过一些人、一些事，甚至恨这个不友善的世界，它们像心里的一根根刺，在午夜梦回时翻滚出一阵阵血腥味。我曾经相信，绝对不能原谅那些伤害过你的人，否则只会让自己更受伤。

直到有一天，那个因为被嫌弃而减肥的女孩对我说："别因为恨，对自己太狠。"我才发现，在惩罚里成长，就像拖着脚镣前行，你会更强大，却也会更受伤，就像疯狂减肥之后的她依然留下的妊娠纹。

不过这丝毫不妨碍她，带着一个小群体每天健身打卡、分享生活，而变成女神之后的她，也顺利找到了一个值得她爱的人，她已经忘了那个曾经拒绝她的人，无论他是不是真的嫌弃她，都不再重要了。

忘记，是最有力的报复，也是最大的原谅。

愤怒的人，都很有力量，心里有一团火，会让整个生命都燃烧起来，但火是燃料，无法成为目的。它不会为了烧毁什么东西而燃烧，相反，它从不区分他人和自我，它会让所有一切燃烧，包括它自己，而燃尽之后，你要何去何从？

原谅，并非让你宽恕某一个人，而是结束内在之战。

不要把时间浪费在不必要的事情上

上个周末，我和嫂子去超市采购回家，走到小区门口才被告知前面正在修路，双向封闭，人车都不能过。我们两个人拎着大包小包，沿着很深的一条巷子往前挪，眼看着就要到达终点，却突然有人说要折返，走另一个门。

当时我就怒了。修路我理解，但你得把程序走全，要么提前通知，要么路口放个标志，无论哪一种都不至于让我多走这么多路。越想越觉得自己有理，干脆把东西往地上一扔开始和保安理论起来。

身边的嫂子二话不说，拿起我扔在地上的袋子，拽着我转身就走，想起自己还没说痛快，我气更不打一处来。嫂子在旁边一边走一边安抚我："路都已经白走了，你把他撕烂了也没用。咱没时间跟他们较劲，一家老小等着吃饭呢。"

紧赶慢赶地走回家里，嫂子洗了个手便开始麻利地洗菜干活儿，我则坐在沙发上继续叨念着刚刚的不爽。

哥哥一边择菜一边瞟了我一眼，来了一句："难怪你的生活一地鸡毛。"

一旁的小侄子也看着我，重复了一句"鸡毛"。

第一秒，无语。

第二秒，一语中的。

回想最近几个月，我说得最多的一个字就是"忙"。爸妈叫我回家吃饭的时候，我说忙。朋友叫我出去聚会的时候，我说忙。哥嫂叫我一起去旅游的时候，我还是说忙。但仔细一算，我就发现自己还真没那么忙，因为我还有时间和街边的小贩讨价还价，有时间纠结每天中午吃什么饭，也有时间因为无关紧要的人和事愤怒。

时间管理专家劳拉·万德坎姆曾经说过："时间管理的关键是选择，我们并不是通过节省时间来创造理想生活，而是先创造理想的生活，时间自动会节省下来。"

我也发现身边很多人和我一样，过着一种没有主次的人生。因为不会排序，生活才会变得一地鸡毛。而这种生活里，最浪费时间的两件事就是争辩和计较。

一个写作的朋友曾经跟我说起，他有个忠实的"黑粉"，每次他只要发文章，这个读者一定认真点评，然后得出一个观点片面、逻辑混乱的结论。我们都说他这次遇上真爱粉了。起初，他总是认认真真地反驳，甚至一段一段地分析文章的论点论据，乐此不疲。后来，两个人越说越急，说到动怒处，甚至开始人身攻击。有一天，他发了一大段聊天记录让我围观，我瞄了两眼，唯一的感觉是：他真有时间。

可能连他自己都不知道，自己浪费了多少时间证明自己很优秀。而讽刺的是，这是一件根本无法自证的事。有时候，我们觉得是在和别人探讨问题，以为可以拓宽自己看问题的角度，但是不知不觉，讨论变成了固执己见的自说自话，甚至变成了情绪的宣泄。

每天，无论生活里还是网络上，都有各种争吵，生人熟人、大事小情，除了站在风口浪尖的当事人，还有成群结队呐喊助威的围观者。朋友每次看到都忍不住感叹，古人说的无事生非真是没错，忙是治疗一切神经病的良药。

凯利·麦格尼格尔在《自控力》里说："认识自我、关心自我和提醒自己真正重要的事物，这三种方法是自我控制的基石。"

特别同意。不把时间浪费在无关紧要的小事上，做到就是赚到。这一点上，嫂子是我的榜样。过去，她是个有点较真的人，为人处世有很多自己的原则。买东西，缺斤短两绝对不能容忍，即使已经回家了，也要找回去和商家理论。在路上，看见排队加塞、不守规矩的，更是要教训一番。

可是，生完小孩之后，她完全变了一个人。不仅什么事都不计较了，还总是在我纠结的时候劝我不要太计较。而这种改变唯一的原因就是没时间了。前阵子，一个亲戚让我帮忙写点东西，我犹豫很久要不要帮。一方面觉得她可能真的需要帮助，另一方面又担心自己当了一次好人之后，她得寸进尺。看着愁眉不展的我，嫂子来了一句，你纠结的这点时间不知道能写多少字。

没错！真正拉开人与人差距的不是你做了什么选择，而是你能多快地抛开得失，做出一个选择。人一生最宝贵的资源不是金钱、时间或者精力，而是专注力。可是想想每天，你花了多少时间为那些看不顺眼的小事而恼怒，又花了多少时间在计不计较之间摇摆不定。你不能不承认，人类多半的纠结和痛苦都是因为心眼太小。

听过一个故事。一个旅客雇了一头驴子准备去远方，驴的主人带着驴子和他一起赶路。有一天，烈日炎炎，旅客和驴子的主人又热又累，停下来休息。旅客躲在驴子的影子下，避免暴晒。驴子的主人也想躲在影子下休息，但影子里只能容下一个人。驴的主人坚持说，他只租了驴却没有租影子，旅客却坚持说，驴的影子是驴的附属品。两个人争论不休之际，这时驴却跑了。

时间活脱脱就是这头驴。而我们就是那个明明花了钱却去不了远方的人。

这几年，身边的朋友都像嫂子一样，变得愈发豁达通透，未必是人心大了多少，更多的人其实是找到了人生的重点。就像哈佛商学院的霍华德·史蒂文森说的："工作与生活之间的平衡就像走平衡木的时候，你手里同时拿着鸡蛋、玻璃杯、刀和其他易碎或危险的东西。随着你在工作和生活上的不断进步，更多的责任和机遇也蜂拥而至。这时，为了保持平衡，你将不得不放弃一些东西。"

很多人说，生活的本质就是琐碎，所以最终谁也无法逃脱一地鸡毛的悲惨。可是，这些鸡毛明明就是你自己选择的结果。世界上有那么多重要的事你不去做，偏要浪费时间在鸡毛蒜皮的计较里，这样的人生，要多惨有多惨。

心大的人，路自然会宽

小超是表弟的铁哥们儿，我们几个同辈聚会的时候都会叫上他。他是个北京侃爷，幽默善谈，有他在的地方绝对不怕冷场，讲笑话两个小时不重样，大家都喜欢和他聊天。他家条件不错，所以他的性格随和，什么事都不太往心里去。

但他最近总是闷闷不乐，一问才知道是因为新工作不顺心。

小超在一家国企上班，他是个追求安逸的人，以他名校"海归"的背景，绝对可以找个更好的工作，但他想多点时间享受生活，也不靠那点薪水养活自己。但尽管如此，领导交代给他的工作，还是尽力做到最好。加班熬夜帮同事干活他都没有怨言，但最让他受不了的是公司的氛围。

第一天上班的时候他就被吓到了，整个部门十几号人每个都是冷冰冰的。每个人都不忙，但他们宁可自己刷一整天淘宝，也不想和同事说太多话。他的顶头上司是个40多岁的女人，成天愁眉苦脸，好像别人欠了她钱一样。

可小超是个爱热闹的人，受不了这种疏远冷漠。为了改变这种局面，他经常约同事出去吃饭聊天，周末还请同事们打球。起初，没人响应他，但看着有人活跃起来，其他人也渐渐按捺不住了。

眼见着办公室热闹了起来，女主管却不高兴了，觉得小超破坏了安静沉稳的工作气氛，不过更让她心烦的是小超的能力。

小超是学霸，干活儿自然不在话下，大老板都经常夸他能干。而且，他会说话，又懂得照顾别人的感受，自然人缘极佳，没几个月就成了公司的一颗冉冉升起的新星。但这也让他成了某些人的眼中钉，其中就包括女主管。说到这个女主管，小超就不停地叹气。他说哪有锋芒毕露，明明就是她自己什么都不肯学。

说实话，我上班这些年，这样的人见得不少。他们有一种通病，就是"见不得别人好"。表面上，他们从不承认别人的优秀，暗地里却在担心别人挡住自己的路。然而他们不知道的是，真正挡住他们的是自己的视野。他们把自己的路变得太窄，才总觉得别人碍眼。如果你的路够宽，没人挡得住。

几年前，我认识了一个律所合伙人，大家叫她冬姐。她是一个外表强悍、内心更强悍的女人，一副扑克脸，从来不笑。与很多只是拉项目、搞关系的合伙人不同，她事事亲力亲为，对团队，她要求严格，对竞争对手，她心狠手辣。

看得出来，她很在意自己的事业，为此几乎倾注了全部心血。聪明的头脑和强硬的性格让她拿下很多出了名难啃的项目，在这个男性主导的行业里闯出一条路。

后来，她的"后院起火"。在她应该坐上大中国区一把手交椅的那一年，一个嫉妒她多年的同事在总部大佬面前只用了一句话就让她的升职无限期搁置：没人 hold 得住她。

大佬们跟冬姐说："再做一年好成绩，就可以堵住那些流言蜚语和不满。"但她还是辞职了，她心里明白，再过一年，还是同样的结果。他们容不下她了。

她走了，却没有带走老东家的一个客户。但由于实力太强、口碑太好，不少客户想方设法地找到她，非要她出手。很快，她带着自己的团队回来，在一场重量级的客户争夺战中完胜。

大佬们终于意识到了失去她是重大的损失。旧同事们都觉得她以前受了委屈，这次终于大仇得报。没想到，她力推老东家成为这个大项目的律师。大家替她打抱不平的时候，她却笑着说，熟人好合作。

这不是什么故作姿态、高风亮节，而是心大的人，路自然会宽。那些觉得别人挡路的人眼里只有所谓的劲敌，可他们的劲敌眼里却有整个世界。有句话说得很对，消灭一个对手最好的办法就是把他变成伙伴。

人与人之间的差距，就在这点眼界。

大多数人身边都有这么一类人，总喜欢在生活里设置各种"假想敌"。经常挂在嘴边的一句话就是：如果没有某个人，自己生活就会变得多么美好！因此，处处争强好胜，非赢不可。

　　我身边一个姑娘时常说起女神闺蜜带来的烦恼。她们两个人一起长大，感情一直很好，闺蜜长得很美，也很聪明，成绩一向名列前茅，所以，闺蜜从小就很受大家喜欢，在邻居的夸奖声中长大。

　　她其实一点不差，学习很努力，对别人也很好，但是永远被淹没在闺蜜的光环里。年龄小的时候，除了爸妈成天说让她跟闺蜜多学学之外，她没觉得有什么烦恼。越长大越觉得，闺蜜过得越好，越显出她的凄惨。没有闺蜜的时候，她还没觉得自己不好。闺蜜的每一个成就都像在自己身上狠狠抽一鞭子。

　　她问我该怎么办。

　　这个问题还真是不少人的苦恼。

　　很多人都有这种感觉，当你身边的人过得幸福的时候，你会有一种若有所失的怅然。如果把幸福比喻成一块蛋糕，别人拿走了你可能拥有的一块，从而降低了你幸福的机会。这是一种思维中的匮乏，而这种匮乏感，才会带来争夺。

　　优秀的人有时也会苦恼，因为即使他们什么都不做，也会被一些人讨厌。或许就像许多人说的，优秀存在本身就是一种伤害。但是，我们都应该懂得，无论是个人成长还是社会发展，合作必定取代争夺。争强好胜的人，最终必定会输给愿意分享的人。

羡慕是一种动力，但见不得别人好就是一种病。根源大多是一种自卑。一个人看不见自己的好，自然就看不见别人的好。生活在这个世界上，竞争在所难免，能胜出的人往往站得高看得远。

人们天天说，朋友、关系对一个人有多重要。但一个人的人际关系有多广，取决于他的眼里能容多少别人的缺点，因为这个世界上没有十全十美的人，更何况每个人都有自己的一把小算盘。

所以，想要成功，最好的办法就是放宽眼界。你要明白，人这短短一生不是为了和别人争夺领地，而是为了让世界这块大麦田更高产。

如果你总是觉得是别人挡住了自己的路，你要好好问问自己，是不是心胸太狭隘，目光太短浅。

和优秀的人交往，才是对自己负责

我们家楼下有一所名声很差的中学，升学率低得吓人。每年快到升学的时候，小区里的家长就急得像热锅上的蚂蚁，四处找门路、托关系，只是不想让自己的孩子被电脑派位到这所不靠谱的中学。

我以前觉得，这根本不是什么大问题，优秀的孩子在哪里都优秀。但最近一件事让我改变了原来的想法。

邻居家有一个孩子，是典型的学霸，聪明又勤奋，所以成绩一直很好，初中毕业的时候，家人打算送他出国，却因为家里的一些变故最终没去成。父母不想让孩子耽误学业，咬咬牙让孩子去了楼下的那所中学，想着以后再想办法转学。在他们心里，这学校只是一个临时的过渡，没想到却让孩子的成绩一落千丈，不再认真学习了。

原因竟然是，爱学习的他，在学校里没朋友。大概没有一个家长会接受这样的理由，对于一个青春期的孩子来说，那个遥远的大学比不上对陪伴的渴望。所以，他害怕自己的优秀会变得不合群。

如今想起来，他们觉得很后悔，于是果断地给孩子退学了。这属于比较聪明的家长，没有强迫孩子在那样的环境里一边忍受孤独，一边好好学习。种子有了肥沃的土壤才能结出饱满的果实，而你交往的人就是你的土壤。

如果说，小时候需要父母的协助，那么长大之后，你要学会为自己负责，去寻找适合的土壤。

我有一个朋友，北京大学光华学院本科毕业，在一家知名投行工作了三年之后，去沃顿读了 MBA，然后在硅谷待了几年，前年回国之后去了一家刚起步的 IT 公司。她一直是个独立、有想法的女孩，极少在意别人的眼光。但她在那家公司才干了半年，就辞职了。怀着一腔热情打算干一番事业的她，觉得很失望。

她辞职，我不意外，因为很多像她这样不接地气的海归想在国内施展拳脚都会受到层层阻碍，让我惊讶的是，她竟然是被"人言可畏"这四个字逼走的。北大、沃顿的光环让她饱受排挤和冷嘲热讽。

她跟我说，不是多在意别人的眼光，而是每天在这样的环境里，她竟然开始觉得自己的优秀是一种缺陷。所以，她辞职了，回了香港，重新回到老同学中。

我刚开始反对她这么做，觉得她是在逃避，过于在意别人的偏见。不过，最终我同意了她的观点，和优秀的人交往，是对自己的负责。在那个环境里，她每天要耗费精力去应付那些闲言碎语，为了团队合作还要试图让别人接纳她。

时间当然可以证明她的优秀，但这些时间，原本可以让她变得更优秀。

很多人都有这样的感受，因为从小听多了"枪打出头鸟""树大招风"这样的告诫，大部分人不敢光明正大地让自己优秀，所以总是偷偷摸摸地努力学习，表面上装作什么都不在意，害怕别人说你太进取。想要的时候，我们也只会偷偷地争取。

一个人年纪越大，就容易变得越平庸，因为在平庸的环境里时间久了，人会忘记自己的优秀，也不再要求自己变得更好。有时候，听着公司里的人每天谈论各种各样的丑闻八卦，无非是为了证明那些看起来过得好的人其实过得很糟糕，不过他们没发现，试图用别人的不好证明自己优越感的本身，恰恰说明了彼此的差距。

一个人对自己最大的不负责，就是继续和这些人待在一起，消耗自己去对抗与众不同的压力。所以，我总是喜欢和一些刚毕业的职场新人待在一起，他们毫不掩饰自己的努力，也从不吝惜对彼此的赞美，甚至光明正大地晒自己的战绩。在这样的人身边，你丝毫不用怀疑自己会变得更优秀。

有时候，学校的一些学生都会迷茫地问我，毕业之后我到底应该去哪里发展？留在北上广，还是回家乡？这个问题其实应该换成未来的你打算和什么样的人交往。

说到底，一个城市和一个人最大的关系就是那些围绕在你身边的人。大城市里的蛀虫和小城市的精英，后者显然更具有吸引力。

爱情更是如此。找一个优秀的伴侣，才是对自己的人生负责。我身边有很多女孩，谈恋爱之前，认真努力地工作、学习、健身、享受生活，谈恋爱之后，所有的时间都变成了两个人卿卿我我，眼见着钱包越来越轻，体重却不断地飙升。

有个姑娘问我，怎么样判断一个男人是不是优秀。答案很简单，看看你自己有没有变得更优秀。和一个优秀的人在一起，你会不知不觉地加快脚步，因为希望自己变得更好，希望在他身边的时候没人说你们不相配。

很多女孩喜欢听男朋友说，你长什么样我都爱你。在我看来，这是男人最不负责任的一句话，这样的誓言大多没什么意义，一直爱你的人会默默爱着，不能遵守诺言的人，说一万句也无力。

优秀的男人则会马不停蹄地为你们彼此的未来努力，这样的人，也会欣赏那个更优秀的你，而不是跟你说，有了我，你不要再努力。爱一个人，应该允许他优秀，让更多的人来爱才对。

有人会说，想和优秀的人交往哪有那么容易？但这才是真正需要我们努力的部分，让自己越来越靠近那些人，而不要浪费时间，不要让自己消耗在让你越来越平庸的人身旁，这才是对自己最大的负责。

交友不慎毁一生

上周末，与发小一起去逛街，去一家熟悉的服装小店。老板娘认识发小，经常给我们推荐一些好东西，价格也很实惠。

我们俩刚进门，老板娘就在店里感叹："不仔细看，还真分不出来你俩谁是谁，怎么越长越像了。"

虽然嘴上极力否认，但这已经不是第一次有人说我们俩长得像了，连我哥都经常问我妈是不是原来丢了个闺女。

其实，说我们两个长得像，吃亏的还是闺蜜。她长得漂亮，气质又好，虽然在她面前，我从来都是用智商秒杀她，但在外形上她一直是我仰望的对象。看她现在的身材，你一定想不到她上中学的时候是个小胖子。被男同学嘲笑，被女同学排斥，那时候我也不怎么好看，所以我们俩自然而然成了"难兄难弟"。

高中毕业，她去外地上了大学，再见到她的时候，已经是半年后，当时惊艳的程度难以描述，她看起来瘦了绝对不止20斤，当然实际并没有，她只是减掉了很多肥肉，长了很多肌肉而已。整个人的线条看起来那叫一个美。

我坚信她一定有一套魔鬼般的训练和节食计划，然而并没有。她说自己也不知道，就是跟着室友每天去跑跑步、跳跳舞，经常蹭人家的饭，不知不觉就瘦了。

然而，这可能是真相。哈佛大学医学院做过影响研究，如果你的朋友变胖，你变胖的概率会增加57%左右。如果你的兄弟姐妹或者配偶变胖，你变胖的概率会增加40%或37%，而如果你有一个极其亲密的胖子朋友，你变胖的概率会增加三倍。

我就这么眼看着她改变，那个从小成绩被我碾压的人，活得越来越高级。长相不能改变，但身材和气质分明就是后天努力的结果。而你的身材和气质里藏着你朋友的样子。有一个会打扮的朋友，你就是能美美地出街。有一个爱健身的朋友，你就是特别有锻炼的动力。好朋友是彼此激励，坏朋友彼此拖累。近朱者赤，近墨者黑也是这个道理。

这几年，闺蜜跟我说得最多的话就是千万不要随便交朋友，这辈子在你身边的人都会影响你，甚至改变你。

她说，有两类人，绝不交往。

第一类是让你越来越穷的人。

她说之前自己没仔细想过这个问题，因为一直觉得朋友之间谈钱生分，所以有时候遇到钱的纠纷，她也懒得去算。经她这么一说，我才发现，真的有一些人在你身边这么多年，让你一直亏钱。

我一直说钱是检验人品的第一标准，但在朋友这件事上我真的忽略太久了。有些朋友不是家境困难，也不是恰逢变故，但就是喜欢在那些琐碎小事上占你便宜。占便宜的可怕之处并不在于那一点蝇头小利，而在于你会慢慢发现自己再也看不见别人对你的好。不懂感恩的人，路会越走越窄，而这样的人一直在你身边，会让你不知不觉地把别人的慷慨和帮助当作理所应当。

第二类朋友是太自恋又不懂尊重人。这类人我也避之唯恐不及。

以前，目睹过一对好朋友因为朋友圈的一张照片互撕。A把自己拍得美美的，却把旁边的朋友 B 拍得又黑又胖。当然，会让人决裂的绝不会是朋友圈里的照片，大概是积蓄已久的愤怒，让 B 的情绪达到了极限。

我一直觉得和优秀的人在一起，一定能学到很多东西。可是，明明是一些优秀的人却让身边的你特别难受。有事没事就要损你两句，呼来喝去更是家常便饭，骨子里透出的都是三个字：瞧不起。

好的友谊绝对不是互相攀比，更不是彼此碾压。而是在顺境时一起成长，在困境时拉对方一把。曾经听过于丹老师的《论语》心得，其中有一个讲座专门讲到朋友，里面提到了孔子的交友之道：益者三友，损者三友。友直，友谅，友多闻，益矣。友便辟，友善柔，友便佞，损矣。

三种好朋友：正直、宽容、见多识广。

三种坏朋友：性格暴躁、优柔寡断、心机深重。

比我总结得全面到位。

这几天，看了一些文章，大意是说层次越高的人，越不爱交朋友。确实如此，但不是因为他们骄傲、目中无人，而是因为懂得知音难寻。即便是社交，他们也不会浪费时间在一些不值得的人身上。

人们经常说，物以类聚、人以群分。想要了解一个人，看看他的社交就一清二楚。每个人的气质里都藏着他的朋友圈，而一个人的朋友圈又会决定他的未来。

我经常跟身边的女孩说，嫁人之前多看看他和什么样的人交往。当然不是让你看他的朋友有没有钱，而是要看这些人的品性修养怎么样。从这些人里，你大致可以揣摩出一个人最真实的样子。一个人骗你很容易，一群人要是把你骗了，你得有多傻。

一个人气质的养成除了自己的努力，朋友的熏陶和感染也是非常重要的。很多时候，你在人生最痛苦迷茫的时候，不会去找父母或者伴侣，而是去找朋友。他的一句话，一个想法都可能影响你的决定。

和优秀的人在一起你才能优秀，能从自己接触的人里挑选出良师益友是本事，而这一点本事就会拉开你和别人之间的段位。人们经常说，选择改变命运。而交友就是为数不多的可以改变命运的一种选择。和不同的人交朋友，你的气质就会完全不同。

　　所以，你应该问自己想成为什么样的人，拥有什么样的品格，再从身边的朋友里，拣选出一些真正能和你并肩努力的人，这样的人才值得深交一辈子，也才能帮助你成为你喜欢的样子。

第四章

见识决定你和别人的差距

同样的出身，同样的学历，同样的能力，在相同的条件下，决定一个人差距的还有你的认知、见识、眼界、思考的维度等等。他们总是比你看得远，效率高，而且速度快。

你的"差不多"，其实差很多

中午在楼下咖啡厅买三明治，看见顾姐正拿着几张纸愁眉不展地坐在窗边，脸色阴沉得吓人。我听说，顾姐一大早被老板叫到办公室深谈了一个小时，心想她可能遇上了麻烦，正想走过去问问她怎么回事，还没张口，她就看见我了，急忙招呼我坐下，一边把手里的文件递过来，一边无奈地说："你看看现在这些孩子，这活儿都是怎么干的。"

我一看，就乐了。

这是一张时间表。

公司最近在拓展业务，要在上海设立一个分公司，由顾姐牵头执行。这其实是件特别简单的事，公司专门聘请了工商代理，只需要在内部找个人负责协调文件签署，汇报工作进度。所以，顾姐没有特别留意，交给了手下的一个入职不到一年的90后的小女生去做。

她的本意是锻炼新人，可没想到小女生准备的一张小小的时间表，给她添了不少麻烦。

准确地说，这根本不能叫时间表，加在一起不过几百字，全是扎眼的错别字，工商写成了工伤，股东写成了古董，连CEO的名字都写错了。更可怕的是，这张号称时间表的东西，没有一个精准的时间：

租赁协议：差不多下周签署；

营业执照：大概月底能拿到；

税务登记：营业执照拿到后办理。

一句话总结这张时间表：说了等于没说。难怪顾姐气得咬牙切齿。

同事们聊天时，经常说起职场上最怕的就是这种人，问起他工作进度，永远是"差不多""大概""可能"，总让你的一颗心悬在半空。很多人不知道，"差不多"这三个字说出口，显得你有多不靠谱。

精准，是我老板的行为准则之一。他的词典里从来没有"差不多"。第一次听他给投资人做公司推介，我就被惊艳到了。他不仅把公司成立至今的每个重要日子都记得清清楚楚，说起公司的各种运营数据也都是精确到个位。当他说出，截至上周五，我们公司的员工已经有1174个人的时候，每个人的眼睛里都有赞叹。

后来，有个投资人跟我说，几乎每个CEO都会说，创业，人比钱重要。可他们能清楚地记得公司每年的盈利，却不知道自己到底有多少员工。

可能有人会说，作为一个日理万机的管理者，何必要关心这些细枝末节呢。但也正是这些细节里藏着他对待员工的态度。老板把员工当作"1"还是"约等于"，决定一个企业的文化和它的未来。

著名的央视记者柴静曾说过："真相往往就在于毫米之间，把一杯水从桌上端到嘴边并不吃力，把它精确地移动一毫米却要花更多时间和更多力气，精确是一件笨重的事。"

但也正是因为不容易，它才能区分优秀和平庸。

说一个故事：

有一天，一个年轻人到一家公司应聘采购兼职。经过一番测试后，他和另外两个人进入随后一轮面试。题目是：假定公司派你到某工厂采购 2000 支铅笔，你需要从公司带去多少钱？

第一个人的答案是 120 美元。采购 2000 支铅笔可能要 100 美元，其他杂用就算 20 美元吧。

第二个人的答案是 110 美元。2000 支铅笔需要 100 美元左右，另外可能需用 10 美元左右。

最后这个年轻人的答案是 113.86 美元。2000 支铅笔 100 美元；从公司到这个工厂，坐汽车来回票价 4.8 美元；吃午饭 2 美元；从工厂到汽车站的距离是半英里，请搬运工人需用 1.5 美元……

说者无意，听者有心。

如果你是老板，一定也会选择第三个人吧。所以，第三个人不仅成功了，还在教别人成功，他叫戴尔·卡耐基。

一个人做事的态度变差往往是从"差不多"开始的。仔细揣摩"差不多先生"的心态，你就会发现，他不是做不到，而是不在意。

中国最有名的"差不多"先生，出自胡适先生的笔下。

这个差不多先生特别喜欢说："凡事只要差不多就好了。何必太精明呢？"

妈妈让他去买红糖，他买了白糖，说："红糖白糖不是差不多吗？"

老师问他："直隶省的西边是哪一省？"他说是陕西。老师说："错了。是山西，不是陕西。"他说："陕西同山西，不是差不多吗？"

有一次，他为了一件要紧的事坐火车出门，迟到了两分钟，火车走了。他叹气说："只好明天再走了，今天走同明天走，也还差不多。可是火车公司未免太认真了。8 点 30 分开，同 8 点 32 分开，不是差不多吗？"

后来，他得病了，让家人去找汪大夫。家人没找到汪大夫，却把牛医王大夫找来了。结果，差不多先生心想，王大夫和汪大夫也差不多，就试试吧。结果，被治死了。临死还说了一句：

"反正活着和死了也差不多……"

可见，"差不多"这三个字，害人不浅。

今天，你或许认为时间表上的一个日期无所谓。明天你就会发现，没有日期的时间表执行起来，会白白浪费多少时间。今天，你可能觉得几毛钱不值得在意，明天你就会发现，预算上的一个小数字，会让多少人的奖金泡汤。

当今社会，不分年纪，每个人都有中年危机。仔细想想，无非突然有一天发现，原来那些和自己差不多的人，不知不觉竟然甩出自己几条街了。

罗马不是一天建成的，也不是一天倒下的。我们之所以一定要在细节上计较，未必是这个细节真的多重要，而是一旦你的不在意、无所谓变成一种习惯，想要纠正，就会难如登天。

千里之堤，溃于蚁穴。由不得你不信，一个喜欢说"差不多"的人在生活里，真的差很多。

你做不好的，就别怪别人的要求高

周末，公司组织郊游活动，一些旧同事也来了。我也见到了久未谋面的老陈。

老陈是我们小老板的秘书，1989 年的姑娘，年纪不大，只是因为长得老气横秋，又不爱打扮，做事还有点古板，所以得了这个名字。

自从几年前老陈换了工作之后，我基本上就没见过她。大家都说，她忙得没有人样了。我经常忍不住脑补她戴着一副大眼镜，蓬头垢面地坐在办公桌前接电话、回邮件的模样。可这次聚会，她一出场就把所有人都惊艳了。不仅没有一丝疲态，反而容光焕发，还有那么点逆生长的感觉。

我心里暗叹，她这几年的苦应该是没白受。

几年前，老陈说要辞职去 A 公司给大老板当助理的时候，小伙伴们都惊呆了。

据说这个职位招了小半年，应聘的人都少得可怜。别问为什么，一看招聘启事你应该就懂了。

订机票、叫外卖、整理文件、安排会议、接待客户，双语流利，还外加了一条：发邮件十分钟之内必须回复，打电话不要先挂。

有点穿普拉达的男魔头的意思。

不过，和业内那些先把你骗进去再折磨一番的老板相比，直截了当地说自己"变态"反而更让人敬佩。可最后还是没人愿意去，现在的年轻人都要求得多，钱多、事少、离家近，特别是大秘这个职位，得心应手的下属最难找，谁也不缺跳槽的机会，谁也不想伺候这种变态老板。

可老陈去了。

我问她，现在有什么不好，何必去蹚这摊浑水。我能看见唯一的差别就是她在秘书界的地位稍微高了那么一点而已。

她给我甩了一句："我想看看他何德何能，提这种要求。"

苍天，我当时心里唯一的答复就是：傻，有钱能使鬼推磨。当然，我只是默默地鄙视她，没有说出口。

谁也不知道她这几年发生了什么事，可每个人都知道，她变得比以前更牛了。

公司同事特意找了一个可以烧烤又能自己做饭的小院子，每个人都要贡献一道拿手菜，也算是一种奇葩的团建方式。所以，很多不会做饭的人从一开始就巴结着老陈这个厨神，让她帮忙露一手。结果到最后，整个部门的口粮都是她一个人准备。

我们不忍心把她一个人扔在厨房，于是纷纷请愿给她打下手。

那时，我们才真见识到了什么叫管理大神。她先是火速地问了一遍每个人的长项，用了不到五分钟完成了分工，然后逐一指派工作，工序一道接一道，她自己负责掌勺。她面前至少有三个火炉，有的炒菜，有的做汤，有的蒸饭。

我就这么眼睁睁地看着她用了不到一个小时的时间变出一大桌子菜，其间还接了变态老板的几个电话。

我又忍不住感叹，老板得多变态，才能让员工以这种速度工作。

看着她从容淡定的模样，我突然明白，为什么有的人一辈子都开不了挂。明明是你做不到，却偏偏要怪别人标准高。可那些你眼里的变态工作，总有人能漂亮地完成。今天你给自己的借口是，"大部分人都做不到，你凭什么这样要求我"。可如果有一天，你发现自己成了无能的少数派，你还有什么借口说别人要求高？

有时，想想，我们为什么要对自己要求高一点，无非是不想被世界淘汰。

做人也是同一个道理。

有读者问我，为什么我总是喜欢写一些情商、修养、层次这类话题，总是觉得你站在一个制高点在指责别人，不够宽容大度。其实，说实话，这些文字除了写给读者看，更重要的是我在提醒自己。

正是因为难以做到，所以我才想把那些值得钦佩的人写进故事里，来提醒自己，那些我无法克服的人性弱点，有人妥妥地克服了，靠努力，靠自律，也靠不随波逐流的坚定。

还是以老掉牙的脾气和情商举个例子吧。作为女人，我深刻地体会着每个月有那么几天看谁都不顺眼，看谁都碍眼。过去，我也是个放飞自我的脾气，喜欢你就忍，不喜欢你就滚。朋友不就是应该互相承担彼此不爽的时刻吗？否则，就是个假朋友。

说实话，并非如此。

人总是生活在各种关系里，每个人都对身边的人、事、物有一种稳定性的期待。偶尔发发脾气无所谓，但谁也不愿意随身带着一个炸药包，又不知道导火线在谁手里。

一个人的成熟从管理自己的情绪开始。情商高，绝不是让你忍着，而是让你找到一个不伤害别人的方式排解。如果你非要说，只有对别人发火你才能排解，那我无话可说。

当身边的每一个人都在进化，而你却在退化，怎么能留得住朋友？这个世界上，任你发脾气还绝不言放弃的，恐怕只有亲爹亲妈。

很多人觉得情商高、修养好、层次高的人根本是不切实际的人设。但放眼身边，明明有那么多优秀的人，你却把自己的做不到说成世界要求高。

我承认，自己不完美，也从不苛责别人做得多好。但我始终相信，我们不能因为自己做不到，就怀疑别人的优秀。

我无数次提到蔡康永在《奇葩说》里提到的关于美德的一席话：

"不知道从什么时候开始'美德'似乎成了老派的代名词，我们羞于谈起关于它的种种，也隐隐觉得美德高高在上可望不可及。我们要做的是将美德拉下神坛，回归到日常生活中，时常怀抱对美德的向往之情，终究也会因为美德而收获平静。"

每个人都是不完美的，人格缺陷、人性弱点、往日旧伤，桩桩件件都能成为你的短板。但是，一个人真正的缺陷是他再也不向往美好的东西。

人们经常说，要活得有烟火气。可烟火气不是你面对人性时无能为力的借口，而是当你发现生活不美好时依旧期待更好的生活。

人生需要止损的能力

最近听了个故事：一个男生，励志不走寻常路，大学毕业之后，拒掉了几家大公司的 offer，去了一家主打创业教育的公益基金会，打算在这个国内新兴领域做出一番成绩。拿着微薄的薪水，一干就是三年。当然，我想说这件事，不是因为感人，而是因为悲剧。

这三年里，男生一直在重复同样的事，学自己不会的东西。作为一个文科生的他，一次次地跟看不懂的数学公式正面 PK，据说曾经熬过几个通宵通过百度百科学会了线性代数。可是，每次交上去的成果都是石沉大海，原因是老板有严重的拖延症，既不放权，又不决策。

有人问他，怎么能忍受自己的劳动成果被这样忽视。

他却毫不在意地说，自己享受学习的过程，更何况已经做了这么久。

"你只管努力，剩下的交给老天。"这句话不知道害了多少人。

以前，我一直觉得过程导向的人比较容易过得好，不执着于结果，只是单纯享受自己的努力。所以，我经常说没有一种努力是没意义的。

可我后来却发现，有些人就是在做着没意义的事，只是因为已经付出了很多。

雷军有一句名言："别用战术上的勤奋掩盖战略上的懒惰。"

你必须知道自己想要什么。不是每个士兵都想当将军，至少你得有意愿当个好兵，不然就别参军了。可是，哪有人天生就知道自己喜欢什么，还不都是一路走一路试，一边尝试一边放弃。有些人的努力是经验，有些却是负累。因为没有止损的能力，把勤奋变成了一种荒废。

经济学上关于止损有个著名的鳄鱼法则：如果一只鳄鱼咬住你的脚，你试图用手去挣脱的时候，鳄鱼就会同时咬住你的手脚。你唯一生存的机会就是牺牲那只脚。

过去人们常说，傻人有傻福。可现实里，精明的女孩往往更容易过得好。

朋友核桃就是个鬼丫头，长八个心眼的男人也斗不过她。不和人斤斤计较，但也绝不会让别人占便宜。遇上有恶习又屡教不改的男友，她分分钟就能分手。

去年，她刚放弃一段将近十年的校园恋情，原因竟然是男友学会了抽烟喝酒。她的男友小高是个做销售的，经常有推不掉的酒局。几乎每天都是满身烟味、醉醺醺地回家。核桃和他谈了几次，都只得到"工作需要"四个字。

她分手的时候，所有人都傻眼了，理由实在太不充分了。不过是一个为了事业奋斗的男人选了一条无可奈何的路。但她还是坚定地分了，说自己不想和这样一个人结婚，既然不想结婚，不如早点分。

大部分的姑娘都不是这种思路。有些人觉得我已经付出了那么多，现在放弃太不甘心。也有人觉得人心都是肉长的，总有一天她会看不下去，不忍心再让他受苦受累。

不是说只要有缺点的伴侣就要抛弃，而是你得知道自己选择了怎样的一种生活。婚姻里的"赚"不是你嫁了个多牛 × 的人，而是你是否活出了自己喜欢的样子。再好的人，不符合你的需求，就是赔本。

一只只赔不赚的股票，不及早清仓止损，等着亏掉所有吗？

有些人的婚姻是投资，有些人却是赌博。两者都有失误的风险。但前者知道什么时候该抽身，后者却不停地骗自己下一次能翻盘。

想来，像核桃这样的女孩，日子不会过得太差。她敢于付出，但也绝不会倒贴。对人宽容，却守得住自己的底线。懂得生活的人从来不说自己不在乎结果。

人生的方方面面都是投资，学习一门专业、找一份工作、谈一段恋爱、进入一场婚姻，即便你抱着不计回报的心，最终也会忍不住衡量自己的付出与得到，这就是人心。

　　人在心理上经常出现一种"承诺升级"的现象，尽管事实表明你的某个决定是错误的，但你还是倾向继续执行，增加对最初决定的承诺，而不是寻找替代方法，只是因为不想承认决策失误。

　　人就是这样，你明知道自己错了，却依然不想改变，无论什么原因，都只会越来越错。比犯错更丢人的是你从来不承认自己失败，还极力掩饰自己错爱了一个人、错付了一颗真心。但是，掩盖比错误本身更磨人。你不仅要消耗大把时间和精力在这个错的人身上，还错过了遇见对的人的机会。

　　停下来比勇往直前更难。

　　有一种勤奋就是赤裸裸的虚度，有些人不知道自己想要什么样的生活，也有些人即使知道也不敢舍弃那些不适合的东西，两者一样的悲哀。如果你走错了方向，再怎么走也到不了想去的地方。

能多用心的时候就少用点力

很多都市人过着忙碌的生活，每天被各种最后期限追杀。所以，高效成了一项核心技能。如何以小成本换大收益也成了朋友聚会上经久不衰的热门话题。过去，还经常有人说，勤奋就好。如今，每个人都说方向比努力更重要。

我从大学毕业就没清闲过，一直自诩勤奋努力，每每累到撑不下去的时候，我都告诉自己，努力到老天都看不下去，它就会给你想要的东西。虽然，也得到了不少成绩和认可，但常常把自己累个半死，不时要闹一出辞职大戏。

可这些年，我越来越发现，勤奋有时也是一种懒惰。诚然，有些事，你要不停地试错才能得出一个正确的结果。但也有些事，你早一点用心，根本不必如此费力。而生活里也总有些人懂得四两拨千斤的道理。

前几天，听一个电视台的朋友聊起一个小编导，同事们一个个通宵达旦，她却比谁下班都准点，工作没几年，步步高升，今年还被选上出国学习。每次说起这个小同事，朋友都感叹，这年头，脑子好使比什么都重要。

想来也不奇怪。这几年，光是从朋友嘴里，我就听说了她不少事迹，尤其是那些采访大牌明星的苦差。这类任务有两大难点：

第一个难点是明星不来。一般名人都是看平台，他们这种小台基本上只能靠毅力，不是围追堵截，就是在经纪公司傻等。可她的成功率却很高，总是能挤进各种私人聚会，有事打个电话，总有朋友两肋插刀。

第二个难点是调动嘉宾的积极性。而在他们那儿，编导又偏偏承担起帮主持人准备问题的重任。

想问题这事儿听上去简单，做起来真不容易。

聊天是个技术活儿，即便是和蔼可亲的名人也经常冷场，更不要说那些傲娇大牌，状态好的时候，能和你说上两句，状态不好的时候，嗯嗯啊啊地完全没有节目效果。可她就是有本事能把无聊的话题聊开花儿。有时候嘉宾说着说着就爆了不少料。

久而久之，导演和主持人都喜欢和她合作。听朋友说，电视台里比她学历高、经验多的同事比比皆是，可是谁都没有她用心。她平时就认真经营自己的朋友圈，有难题了总有人帮忙。她的笔记本里全是采访嘉宾的资料和平时收集来的好问题。

很多人说，能说会道的人走到哪里都吃香。可有些人拼命练习还是不会聊天，要想说到别人心坎里，你得用心才行。努力是每一种成功必备的要素，所以，用力没有什么值得称赞，用心才见差距。真正聪明的人都懂得一个道理：能多用心的时候，要少用力。比起花了多少时间做一件事，成果如何才更重要。

这一点，我过去背单词的时候，深有体会。那时，我每天抱着"红宝书"吭哧吭哧地又写又念，在图书馆待的时间比谁都长，睡得比谁都少，有时连饭都吃不上。可是有的同学，每天该吃吃该喝喝，把单词背得又快又好。他们有各种各样的小诀窍，最绝的一个同学把社交账号的各种密码都改成记不住的单词，设置不自动登录，每天换一次，默默地连玩手机的时间都用上了。

从小到大，老师和家长都告诉我们一个道理：一分耕耘，一分收获。可是生活里，就是有很多人只凭用心就甩别人几条街。

用心和不用心，过的是不同质量的人生。光靠吃苦得来的好日子绝不能叫作成功。这些年，身边很多朋友感叹，总是觉得别人一路顺风顺水，自己明明很努力却总是路漫漫其修远兮。有人说自己智商不高，有人说自己情商不行，还有人说自己不善言谈。

有时候，我们总是错误地以为你要多么卓越，做出令人难忘的成绩，才能出众。但事实上，拉开人与人之间段位的，只是你比别人多的那一点点用心。

聪明的人都明白细节见人心，所以他们不会等待那些令人记忆深刻却百年不遇的大事件，反而是在日常相处的细节中彰显自己的与众不同。

我刚进公司的那一年，参加了公司在中国香港举行的一次大型亚洲客户答谢会。那一次，我被老板派去帮忙，认识了美国同事 Bill。他来参加这场活动纯属偶然，原本在香港休假的他，因为人手不够，硬生生地被拽来当了一回打杂的会务。引导客人到指定座位，协调他们的住宿、餐饮，总之都是些琐碎内务。

但就是这么一个毫不起眼的小角色让很多人惊讶，因为他有一项神一般的能力——记人名。只要他打过一次招呼的客户，再见面时就能一字不差地念出他们的名字，无论对方是韩国人、日本人、印度人、泰国人，还是中国人……

那一刻，我真的汗颜了，不是因为自己记不住那些晦涩的名字，而是根本没打算记过。对于一个在可预见的未来不会再见面的人，我从未觉得记住名字有多重要。但大概就是因为没有期待，当他说出别人的名字时，才特别令人难忘。

后来，他真的来了香港，还成了香港办公室的主席，而当初那些客户都成了他的老朋友。

所有同事都开始感叹，当年就应该看出差距，如今人家成了高层，自己连个舒服的职位都没有。

想想看，生活里那些让你记忆犹新的商品真的比同类产品优质吗？还是只是因为一些细节上的与众不同让你念念不忘？

在 TED 听过一个关于细节的演讲，其中提到一个有趣的现象。很多大公司为了将产品和服务提升一个档次，不惜花重金改造产品、升级服务，却很少有人相信，真正令人难忘的事并不需要很多钱。餐厅的门把手、头等舱的调料瓶、外卖包装上的一句调侃，都能让你变得与众不同。所以至今，无论多少人诟病连锁咖啡的劣质，我都是星巴克的忠实粉丝，只是因为无论走到哪里，星巴克的咖啡师都会亲切地叫一声我的名字。

用力只是一种低层次的努力，如果你只会用力，你或许也能成功。但如果你所有的成绩都是苦苦地熬出来的，那你应该好好反思自己的能力是不是有问题。值得称赞的人生不是终生奋斗，而是不费力地取胜，而这一点离不开用心。

所以，能多用心的时候，就少用点力。

你赚钱的方式里，藏着你的修养

大学同学群里有个玩了多年的抢红包游戏。每年除夕，班长都会定好时间，愿意参加的直接开抢，800 元钱分 8 个红包发，拿到最多的人继续发，限时 30 分钟。

今年是我第一次参加，感触颇深。

钱果然是个好东西，一整年，我都没见群里这么热闹过。虽然很多来玩游戏的人都不是为了钱，也不缺这点钱，运气好的时候确实能赢不少钱。但也正是这一点蝇头小利，暴露了一些人的本性。抢了大红包的人拖延时间，迟迟不肯再发，抢了小红包的人刷屏催别人抓紧时间发，平时的优雅腼腆完全不见了。

群里有个不成文的规矩，赚钱最多的人自觉给大家发红包，多少随意，只是图个皆大欢喜。可是要把这个人找出来却不容易，每个人都说自己输了。眼见着大家扯皮了半天，有几个人甚至越说越急眼，班长赶紧站出来发了红包，才平息了一场纷争。

紧接着，不少人都开始在群里发红包，气氛一下子又热络了起来。

其实，翻翻红包记录，谁多谁少，大家心里都有数，可偏偏就是有人喜欢钻空子，知道没人较劲真的去算钱。

闺蜜笑称，有些人真的不适合这种游戏。一个人的修养好不好，钱最知道。没经过这一关，谁也别说了解彼此。想来，还真是这么回事。

那个应该发红包的同学平时和大家关系都不错，上学的时候，帮室友占座、签到、打饭，从不惜力，同学们都说她人好心善，可唯独不能提钱，只要一提钱，她就像变了一个人一样，斤斤计较、锱铢必较。

有一次，听说她要出国旅游，闺蜜就找她帮忙带点化妆品，同学代购至少保真，所以代购费比市场价还多了点。她欣然同意。结果，商场明明在打折，她却按原价收闺蜜的钱，赠品也全都自己私吞，末了还非让闺蜜把她亏了的十几元钱汇率补齐。气得闺蜜一边捶枕头一边骂，以后就算买假货，也绝不找她。

这个世界哪有什么秘密，很多时候，大家不是不知道，只是不计较。不想拆穿你，只因你是老朋友而已。有些人视朋友如珍宝，千金不换。有些人视朋友如二傻，捞一票是一票。

现在一些人做生意，有一种惯常伎俩叫杀熟。几年前，听一个在美国做了很多年代购的朋友说，这行自己实在做不下去了，同行都太没有底线，卖给新客户的都是真货，越熟的人越肆无忌惮地掺假。他们的价格低得吓人，自己做不出这种事，所以干脆放弃这行。

听她这么说，我突然想起最近和一个朋友聊起现在的微商和推广，在各大群里肆意发广告，从来不看群规，每次群主发通告，总有人趁机发个广告。做生意赚钱，大家都能理解，但哪些钱能赚，该怎么赚，这条线却并非清晰可见。但也正是这条说不清、道不明的线区分了人与人之间的层次和境界。

以前，看过一部讲述瑞蚨祥掌门人的电视剧《一代大商孟洛川》，里面有一句话印象很深："于己有利而于人无利者，小商也。于己有利而于人亦有利，大商也。于人有利而于己无利者，非商也。损人之利以利己之利者，奸商也。"

一个人的修养在哪个层次，从赚钱的方式里就能看得一清二楚。

很多人说，亲人朋友之间不要谈钱，更不要一起做生意，谈钱伤感情。想来，大部分人不是不想谈钱，而是不敢谈钱。怕看见对方的人品，所以干脆视而不见。但总有些人的修养经得起考验，在这个冷漠疏离的世界让"友情"这两个字上留有微光。

大学班长就是这种人，他爱钱如命，却从不挡别人的财路。从上大学开始，他就是赚钱小能手，帮学生会拉外联，认识了不少企业家，有时候会接点兼职，再像包工头一样分给同学们做。薪水一分不少，他还把自己拿的回扣分给大家。

能和朋友一起赚钱，才是友情的最高境界。真正爱钱的人不会只爱自己的钱，因为他知道比起钱，人心可以创造更多的财富。真正怕穷的人不希望别人穷，因为他知道，只有摆脱生死之苦，人才能发挥才能和优势。

对此，我们的老祖宗见地颇深。中国自古就有儒商之道。从"君子爱财，取之有道"的子贡到深知"谷贱伤民、谷贵伤末"的范蠡，儒商文化的核心就是一句话："大商之道，利人利己。"君子有所取，有所不取，是一个人的修养，而修养才是赚钱的最高境界。技巧易学，境界难修。

最近，和一个做微商的朋友聊起现在很多人赚钱的门路。他说，很多人刚开始做生意的时候没想过要损人利己，但在赚钱欲望和同行不择手段的压力下，纷纷选择了从众。于是，便有更多人相信，不欺不骗，赚不到钱。

但是，这样的人生意往往做不大，也做不久。

有一次，我在一家老字号小吃店吃饭的时候，旁边坐着一对老夫妻。老爷爷一边吃一边感叹，和过去比，味道差太远了。老奶奶安慰老伴，可能是换了大厨或者换了配方。我突然想起隆福寺一家卖灌肠的祖传老店。过去，每周我都会去吃灌肠，年轻的小老板经常哀叹生意难做，不量产，利润永远追不上飞涨的房租。量产，就得砸了自己的招牌。最终，小店还是关门了。看着紧闭的店门，说实话，我挺佩服他的。

人们经常说，选择比努力重要，而人生中最重要的选择之一就是如何安身立命。孩子赚钱的方式，反映的是一个家庭的修养。

如今，很多人都在感叹，再也找不到过去的味道了，其实不是配方变了、厨师变了，而是人心变了。曾经在网上看过日本企业家的生意经，其中印象最深的一句是："做买卖是为社会和大众服务的，利润则是理所当然的报酬。"

很多人觉得"利义"不能两全，舍此才能逐彼，但真正懂得生财之道的人都明白，无商不奸是一种多数人的偏见，真正的差别是先有利还是先有义。

未必人人都有与别人共赢的实力，但至少应该学会有所为有所不为的取舍。因为，赚钱的底线，才能决定一个人的人生高度。

要对陌生的事物保持好奇心

周末与朋友聊起人生规划，大家一如既往地提到一个说起来都是泪的目标：财富自由。

这四个字，我们说了快十年了，从刚上班的第一天起，就盼着有一天躺着就能赚钱。十年过去了，有人离目标越来越近了，有人却离目标越来越远了。

席间，有人提起刘大神。叫他刘总，不是恭维，他真的在一家估值几十亿的公司当了财务一把手。

他是我们这群人里，离财富自由最接近的人。可是十年前，很少有人记得住他的名字。只是隐约记得有那么个腼腆的男同学，不爱说话。在这十年里，刘总的变化是惊人的。性格依旧沉闷，但事业却是风光无限。十年里，换了四份工作，甲方、乙方换着做，每换一次，职位和薪水就涨一波。

我特别佩服他的魄力。换工作、换老板，说起来容易做起来难。

两年前，他就曾经问过我，要不要跟他去一家互联网公司闯一闯，机会不错，钱给得也不少，做这行永远不会落伍。我心动了。

　　那时，碰巧我和直属上司有点矛盾，跟大老板聊了几次，他也就是和稀泥地安抚我。于是，我心想，干脆辞职换个环境好了，说不定有更好的发展。没想到，老板一听我要辞职，给了我一个选择：换组。

　　我纠结了很久，问了很多意见，最后还是决定留下。老板的一番言论最终说服了我："我们认识这么多年，彼此都了解，既然条件差不多，做生不如做熟。"

　　想想是这个道理，我和刘总虽然是同学，但毕竟没有共事过，这些年各自奔忙，真正的了解也少得可怜。那时，我不会想到，两年后，我还是跳槽了。浪费了两年的时间来证明，目光越短浅的人，越喜欢依赖熟悉的环境。

　　熟悉未必比陌生更好。有时候，熟悉感是一种拖累，它会不停地告诉你，外面的世界不安全，不熟悉的人会欺骗你，它把你困在舒适地带里。

　　但越有见识的人，越愿意去相信未知的东西，他们不担心受伤，不害怕犯错。反而是见识少的人，害怕陌生，抗拒改变。而人与人之间的差距，正是面对未知时，你有没有放弃一部分安全感的勇气。

一个 90 后姑娘曾经问过我，她在体制内工作了五年，晋升之路遥遥无期，每天和一群 60 后、70 后的阿姨一起混日子，聊天的话题不是热门电视剧，就是怎么带娃。

她很苦恼。

我劝她换个工作。铁饭碗不是不好，但未必适合所有人。

她却摇了摇头说："算了，在哪儿工作都一样。"

我问她："你怎么知道一样呢？"

她说："你看看身边那些换工作的人，哪个不是成天在朋友圈诉苦，工作又忙又累，老板、客户都很难搞。没有一份工作不难受啊。"她一边说一边叹气。

我又问她："什么样的工作，你才愿意换呢？"

她说了一句，当时我就傻了："我想找个知根知底的。"

按照这个标准，她可能这辈子都换不了工作了，因为最知根知底的，永远是现在的工作。

不过，我还是继续问她："你去面试的时候，面试官应该会给你介绍公司的情况吧？"

她瞪大眼睛，惊讶地看着我："老板的话怎么能信啊。我只相信熟人。"

她的话，让我突然明白了一个道理，见识越少的人，越喜欢活在熟人社会。他们之所以不相信未知，也不愿意改变，不是因为懒散，而是被一种熟悉的确定感麻醉了。

比起理想中可能出现的喜悦，他们宁愿承受现实的痛苦。因为熟悉就会让他们觉得安心，他们相信自己看见的东西，相信熟人说的话，却从来没有想过，全部这些加在一起也不过就是河伯观海，井底之蛙。

熟悉，其实是成长过程中的一个拖累。

万维刚在专栏中曾经提到过美国社会学家 Herbert Gans 的一项研究：他在比较了波士顿工薪阶层和精英阶层的文化差异后，发现工薪阶层的一个特点是只相信自己的亲友，而非常不信任外部世界，甚至可能对陌生人有一种自发的敌意。对比之下，中产和精英阶层的人没有那么强烈的亲缘意识，他们很容易跟陌生人合作，而且非常信任办事规则。

这种差距，出国旅游的时候感觉特别明显。在国内，坐公交车，售票员像防贼一样盯着乘客，稍晚一点买票，就一脸不高兴地数落你。在欧洲，费了半天劲，找到售票处，买了票，发现根本没人查票。

有人说是因为我们没有人家富裕，但我觉得两元钱一张的车票背后隐藏的其实是眼界的差距。有时候，真的很难说，是国人真的素质差，还是社会人性贪婪的推论让人们失望。无论是个人，还是社会，进步都离不开一点盲目的信任。

李笑来曾经在《通往财富自由之路》里讲过一个故事：几乎所有低等动物的眼睛都是长在两侧的。它们没有视觉盲区，可以同时看见上下左右，这是生物进化史上最安全的一种配置。可是，这种配置有一个巨大的副作用，就是无法长期、仔细地观察任何一个点。

后来，当所有物种的双眼都进化到了正面，它们才有了机会长期地进行观察，终于有机会进化出大脑皮层，也就有了思考。可缺点就是它们出现了视觉盲区。从这个角度来看，几乎所有进步都是放弃了部分安全感才获得的。

可是，生活里总有这么一群怀疑论者，看见别人募捐，就说是行骗。看见别人捐钱，就说是作秀。

见识越少的人，说服他相信你就越难。用网上看到的一句话来形容最合适，你觉得故事太假，只有两种可能，一是讲故事的人阅历太浅，二是听故事的人见识太少。

仔细想想，这个世界上哪有百分之百的安全和确信，就算你了解得再多，也不过是冰山一角。

见识越少的人，越喜欢熟悉的东西。在他们的观念里，世界就是围绕自己的一个圆，只有站在圆里才是安全的，圆外的一切都很危险。他们不知道，恰恰是这种以偏概全的否认和蜷缩在熟悉中的胆怯，让这个保护伞成为一种局限。

一个人有没有见识，看他对陌生事物的态度就知道了。

不是关系不行，是你不行

春节的时候，我和爷爷聊起了过去的日子。

爷爷在河北一个农村长大，父母都是农民，家里的几个孩子都没念过书。他是全村里唯——个识字的人。说到认字，爷爷总是一脸的骄傲。当时，家里连本像样的书都没有，在外打工的人偶尔回乡时带回来包东西的旧报纸，都被他留了下来，他好奇地看上面的图片和文字。后来，他攒了好久的钱，专门托人买来了几本小孩认字的书，才慢慢开始识字。

那时的爷爷并不知道，这件事能改变他的命运。长大了一些后，老乡带着他和另外几个年轻人来到北京一个工地打工，年轻力壮却大字不识的同乡们只能扛沙袋，他却跟着老板学记账。爷爷深知读书的重要，毅然决然地把五个儿子都接到北京上学。

现在，年过九旬的他住着200平方米的大房子，每天坐在摇椅上晒太阳，而那些同乡大多还在种地。他们的孩子只是偶尔会到北京来看看爷爷，带着一些家乡的土产，这些孩子很想来北京谋一份工作。

那些从农村迁徙到城市的老一辈，个个都是励志的榜样。因为每一步迁徙的背后都是跨越阶层的巨大努力。生活圈对一个人的重要性不言而喻，所以越来越多人挤破头涌向北上广深，想要开阔眼界，继而改变命运。

可往往去之后发现自己陷入了另一种尴尬的境地，失去了原来的朋友，又找不到新的朋友。有一次，在写字楼的洗手间里听见两个清洁女工聊天，其中一个是刚来北京打工的，显然，北京和她想象中的样子差距很大。

她说，每天在写字楼里闲逛的时候，发现那些光鲜亮丽的白领聊的不是电视剧就是八卦，还有她的那些室友，每天就是家长里短的没完没了。对此，她很失望，说自己费尽心思从老家来到北京，没想到身边的人茶余饭后的话题竟然和老家人一模一样。

年纪大点的女工不紧不慢地回了一句："哪儿的人都一样。"

我从不轻视清洁工这份工作，但却忍不住感叹，就凭这句话，她可能一辈子都摆脱不了阶层的跨越。她只看见别人闲余时间的娱乐，却不知道别人夜深人静的时刻是怎么努力的。不是环境差，也不是周围的人层次低，而是你的眼界不够，以偏概全，不知道从别人身上学什么，更不懂得从环境中汲取营养。

生活里，很多人抱怨自己没有变优秀的条件，工作没意思、领导不讲理、同事很乏味，和一群没精打采的人交往，自己都变得颓废了。他们经常说：朋友不给力，自己再优秀也是白费。没人懂得欣赏你的好，只会惹人非议。

实力不够的时候，给你再多的资源，再好的关系，迟早还是要被淘汰的。所谓物以类聚，人以群分，社交不变的定律是：你是什么样的人，就活在什么水平的朋友里。不是朋友不行，是你不行。

《红楼梦》里的刘姥姥进大观园就是一个最好的例子。刘姥姥和王家沾亲，因为王夫人嫁入贾府，所以她和贾府勉强算得上有点关系。她三进荣国府，逛大观园的时候，更是闹出了不少笑话。

前几天，我把1987版《红楼梦》翻出来看，刘姥姥进大观园这一集越看越堵得慌。富贵人家的热闹，却是贫贱人家的苦涩。沾亲带故地和贾家攀上关系，却发现这些所谓的亲戚和她根本生活在不同的世界里。刘姥姥是个善良朴实的乡下人，没有那么多心思和计较，所以不在乎别人的戏弄和嘲笑。但换成心比天高、命比纸薄的现代人，恐怕就是一番完全不同的心境。

有句老话，机会永远只给有准备的人。放在现在应该变成：朋友永远只给同频共振的人，资源永远只给有实力的人。如果你既没有谈资和实力，又没有见识和眼界，再好的朋友，你也配不上。

再说两个故事。

闺蜜 A 的表弟大学毕业想要出国留学，托福怎么考也上不了 100 分，什么学校都申请不上。表弟说，在国内没有语言环境，哭着喊着要出国学语言。父母被逼得没办法，只好花钱把他送到美国学英语。结果，在国外天天和一群中国富二代花天酒地，英语还不如没去之前的水平呢。

朋友 B 望子成龙，信奉孩子必须富养。为了提升全家的层次，给孩子创造一个便于成才的环境，她学孟母三迁，搬了一次又一次，最后在东四环看上了一个全封闭、自带双语幼儿园的高档小区。结果却发现，孩子在幼儿园被老师各种看不上，备受冷落，回家吵着闹着要买玩具自己玩。而朋友 B 和邻居也根本说不上话，那些人的阶层完全在自己之上，根本融不进去。

现在，很多人都明白环境对一个人的影响，所以都在努力摆脱身边低层次的朋友，但同时却缺少融入高层次朋友的能力。那些以为认识一些人，展示自己空洞的热情，就能成为朋友一员的想法是很天真的。

公司有个新来的小同事，听说我认识几个法律界的大神，拜托好多次让我拉他进大神经常出没的微信群。最终，我拗不过他，只好把他加了进来。没几天，他就跟我抱怨这个群怎么这么安静，平时根本没人说话，除了加群那天自我介绍了一下后，他就没找到说话的机会。这样的群，就算待在里面也没用啊。

听完我很无语。那个群里明明经常有人说话，他居然说什么也没学到。仔细一聊我才知道，他所谓的出声就是闲聊。

只能说我做了一件揠苗助长的事。他刷存在感的方式还是套近乎和没完没了的闲聊，而大神们的对话却永远是枯燥的专业探讨。越优秀的朋友，互动质量越高，言之无物的闲聊越少。就像谈恋爱，彼此入不了对方的眼，耗在一起也只是浪费彼此的时间。

不是朋友不行，是你不行，所以才找不到共同话题，也找不到存在感。

前几年，巴菲特午餐会的慈善拍卖被炒得沸沸扬扬，拍卖价格更是水涨船高，从 2001 年的 1.8 万美元涨到 2012 年的 345 万美元。很多人都说，这些人有病，花那么多钱看一眼大神，聊不上几句，也沾不上什么光。可去过的人很多都说，这一顿饭让他们有很多的收获。他们说，巴菲特的存在本身就充满了人格魅力，一言一行都能学到很多东西。

所以，看吧，学习这件事，学生比老师更重要。很多时候，值不值不在于对方给了多少，而在于你能接收多少。

身边也有一些常年写作的朋友说："自己的文章总也红不了，就是因为没找到一个好平台，现在的读者品位都很低。"每次听到这样的言论，我都很无语。很多人的失败就是不懂得从自己身上找问题。平台再好，实力不够，也注定被淹没。

我们要学会把眼光放长远，当你努力摆脱低层次的朋友时，更要想想自己凭什么被一个高层次的朋友接纳。

你假装有趣的样子，看起来真无趣

打开朋友圈，经常看到一个话题：怎样成为一个有趣的人！甚至列出了各种有趣的标准。过去，有趣是一个人的优势。如今，无趣是一个人的缺陷。交朋友、找工作、谈恋爱等等，无趣者，一票否决。

有一天，我在电梯间遇见了两个西装革履的男人，一边等电梯一边各自刷手机，其中一个时不时地把手机举到另一个人面前，嘴里叨念着："快看这个。"另一个人急忙回应："这个好，赶紧发给我。"一边说着，一边满意地笑。

两个人等电梯的这会儿工夫，他收集了不少信息。上电梯之后，两个人按了各自的楼层，依旧恋恋不舍地看自己的手机。发现新大陆的男人先到了站，在电梯门打开前的一刻，他突然一脸坏笑地拍了拍另一个人的肩膀，说道："追到了别忘了请我吃饭。"

我才恍然大悟，原来在"撩妹"。

那一定是一条有趣的新闻或者一件好玩的事。这一招司空见惯。

几个月前，公司某男同事在一次聚会上对一个女孩一见钟情，想方设法要到了对方的微信号，却不知道怎么搭讪。那阵子，公司同事凑在一起给他出谋划策，餐桌上有男有女，但大家的意见却出奇地一致：必须表现出你很有趣。想让一个人跟你互动，至少得让对方有想回你信息的兴趣吧。连话都不想跟你说，还谈什么彼此了解。

于是，他按照女神的喜好，拼命收集有趣的信息，不时给女神发条微信。这一招奏效了，女神对他发的东西很感兴趣，两个人一来一往，竟然慢慢熟络起来。女神还同意跟他一起吃饭，看起来很有戏。谁知道，一顿饭之后，小伙儿就垂头丧气地在办公室里踱步。

大伙听他讲述了吃饭的经过，都没觉得他哪里表现得特别差，以至于女神每次都用"再联络"来回复。一个犀利的女同事一语道破天机：装得不像呗。

突然之间，办公室里没人说话了，沮丧的男同事默默地走到自己的座位，低头翻起手机。

有趣真的很难装，演练了一百遍，总有一天要穿帮。有些策略，从一开始就错了。有趣很好，但无趣也不是什么缺陷。更何况，有趣与否纯属个人感受，甲之蜜糖，乙之砒霜。

与其费尽心思讨好女神，不如想想你们是不是真的有什么共同的兴趣。否则，有一天女神变成老太婆，当初的甜言蜜语也终会变成鸡同鸭讲。

以前，我从来没觉得自己无趣，虽然在朋友眼里，我的生活一直挺无趣的，周一到周五除了上班，就是晚上回家遛狗看书，周末的时光和朋友偶尔喝个下午茶，其余大部分时间不是陪狗，就是抱着电脑到咖啡厅写字。

一年到头，能出去旅行一两次算是不错了。和那些空中飞人相比，的确无趣太多了。不过我自己倒觉得挺好的，即使经常半夜三更在办公室里加班，偶尔能看看书，在精神世界里徜徉一下，我也觉得挺满足。

不过，最近一段时间，越来越多的朋友来劝我，千万不要再过这样的生活，趁年轻赶紧让自己有趣一点，否则无趣会成为一种习惯。我每次都"哦"一声，然后继续这种别人眼中无趣的生活。

不是不想变得有趣，而是我已经找到了在我心里最有趣的事：读书和写字。

不过有些人好像还不明白，有趣，不是做给别人看的。

以前，在网上看过一个帖子，标题是"最奇葩的朋友圈"。下面热火朝天的回复里，点赞最多的竟然是某某人 PS 了我出国旅行的照片发在自己的朋友圈，可是连季节都没发对。那个帖子看得人哭笑不得。我不知道是不是每个人身边都有这么一位炫酷的朋友，反正我认识一个。

那是和我一起在美国读书的一位女同学，因为都是北京人，能聊不少北京人和北京事。所以刚入学的时候，我们两个走得很近，周末或者小长假的时候，会组织几个朋友到周边的城市或者乡村去玩。有一次周末，我们相约自驾到郊外去野营，大家谁也没经验，所以提前商量了好几次做好万全的准备，有人学搭帐篷，有人采购食材，有人买炉具，还时不时以商量行程为理由大吃一顿。每次她都不参与我们的对话，只是低头玩手机。

到了营地，大家都开始忙碌着，有人准备午饭，有人搭帐篷，她还在玩手机。那天晚上天气特别好，所以大家找了一块草地，铺上毯子，一边喝酒聊天一边看星星，无比惬意，可她还是在玩手机。

我忍不住跑过去问她，手机里到底有什么好玩的。我发现她正在发朋友圈，里面是我们今天的各种照片，配文是："第一次野营，烧烤、啤酒、星星、朋友，最有趣的生活也不过如此了吧。"

我看完之后，尴尬地笑笑，拉着她回到朋友中间。当我打开手机的时候，却发现，我的朋友圈里竟然没有她的更新。我意识到自己被分在了"不可见"的那一类。其实，可见也无所谓，我难道会在下面留言说："其实你一路都在玩手机吗？"

有一些人，他们的朋友圈看上去真的好有趣，每年去好多地方旅行，平日里更是马不停蹄地参加各种聚会，时不时地晒出自己买的花或者学到的新技能。可是，跟他们聊上几句，你就会发现，那些精彩的旅程和美妙的食物都只是为了让自己看起来有趣罢了。

大概是害怕被人说无趣，所以想尽办法，成为一个有趣的人。但是，那些真正有趣的人从不炫耀自己的有趣，你只能从朋友口中得知原来他们在你不知道的时候做了这么多有趣的事。

有趣是个漂亮的标签，但生活终究要自己过。如果觉得日子太枯燥乏味，那就该多做尝试，多去努力改变，而不是浪费时间假装自己过得有趣。

无趣是一些人的死结，但比起无趣更可怕的是假装有趣，因为你谁也欺骗不了，每天骗自己也只能证明你真的很无趣。

人家讨厌你，别拿内向当借口

我有一天下班早，正好赶上一所小学放学的时间。孩子们成群结队地走出校门，正要奔向等候多时的家长，一个老师突然拦住了最前面的同学，要大家一起高喊"老师再见"才让他们离开。

原来，有些规矩几十年都不会变。在队伍的角落里有一个小男孩，显得格格不入，因为他眉头紧皱，脸上满是阴郁凝重的表情，大概是因为不喜欢这样的仪式。

和老师道别之后，是小朋友们互相道别，大部分小朋友恋恋不舍地拥抱之后，投入了父母的怀抱。唯独这个小男孩，默默地绕过人群，走到妈妈身旁，也没有人理他。他的妈妈俯身轻轻地问他："你怎么不和小朋友道别呢？"小男孩不说话，扎进妈妈怀里，妈妈急忙跟身旁另一个孩子的家长解释："我们家孩子就是不爱说话。"

身边的很多妈妈都特别担心自己的孩子不会说话，所以从小就循循善诱地告诫他们："一定要多和老师同学交流。"

所以，从小我们就学了能言善道，因为这样可以被喜欢。如果一个孩子不合群，被排挤，大部分家长也会像这个妈妈一样做出一种解读：我的孩子没有朋友，是因为他不会说话。

然而，事实上，我却看到很多不善言谈的孩子身边簇拥着亲密的伙伴，他们不会说好听的话，但每次有了好吃的都会默默地给小伙伴留一份，酷酷的样子让人爱极了。

前阵子，公司 IT 部的一个男同事哭丧着脸来找我诉苦，说自己一把年纪了还没个像样的女朋友，父母一直催促他早点结婚。

这个 80 后的大男孩人很好，也很随和，钱虽然赚得不多，但也不是大问题。之前相处过几个女孩，但最后也都无疾而终。

我其实有点不理解，这个世界上再穷再丑的人都有人爱，真的看不出他有什么找不到女朋友的理由。

他总说是因为自己不会说话，不会主动追女孩，即使在朋友和媒人的帮助下，有了一点进展，可见过几次面后，姑娘那边又大多没了音讯。

他来找我，其实不是为了抱怨，而是为了一个女孩可可。

可可是我的邻居，我知道她单身了很多年，一直盼望着一个爱她的人。她是个安静的女孩，我觉得那些侃侃而谈的男孩并不适合她。所以，我把这个男同事介绍给了可可。见了几次面，他就很喜欢可可，但是可可却有点退缩。他还是觉得因为自己嘴笨，不会哄人，也不会讨女孩欢心。我不相信，起码可可不是。

那天晚上，我专程到可可家去找她聊天，想知道真正的原因。她跟我说，有一次，他开车带可可出去吃晚餐，因为正值下班的高峰，拥堵的车流和横冲直撞的行人让他变得很焦躁，他不停地按喇叭，嘴里不停地咒骂那些不守规矩的行人。好不容易到了餐厅，却发现已经排了很长的队。这一次，他更加不耐烦了，险些跟领位的服务员吵起来。

我终于明白为什么可可会拒绝他，每次约会我迟到，可可都是安静地坐在那里翻着一本书，丝毫没有在等我的样子，每次我因为一件小事变得急躁的时候，她都劝我放轻松。

我知道，他们不可能在一起了。

可可说到等位的时候，我忽然想到上大学时一个很受欢迎的男同学。那时，并不流行沉默的美男子，大部分女生还是喜欢会讲笑话的男孩。但他却是个例外，沉默寡言，却总是有人示爱。直到有一次我们一起做校刊，我才明白，这个世界没有毫无缘由的爱。

每次熬夜赶稿，他都是最后一个离开，把零乱的教室整理好；每次聚餐，他都提前好几天把位子订好，那些不能订餐的地方，他都早早地去占位，从来不怕等人的尴尬；还有一次，我看见他把打包精美的稻香村礼盒拿给外地的女朋友，应该是让她带回去孝敬父母的礼物。我猜想，他从不说要为你做什么，而是直接就做了。

语言是一种表达方式，但却不是唯一的表达方式。比起语言，行为更能真实地反映一个人的品性。每次走在街上，看到男孩特意走到女孩的左边，只是为了挡在她和车流之间，我都觉得很温暖。再动听的话可能都比不上那一刻带来的安全感。可是还有人傻傻地以为人生遭遇的拒绝只是因为不会说话。

后来我又发现，原来这个男同事在公司里的人缘很差。整个公司除了个别人，比如我，几乎没有人愿意跟他聊天。他总是给自己一个理由，自己遭到排挤，得不到升迁，都是因为自己内向。

可是，明明有那么多不善交往的同事得到了老板的青睐，也有那么多爱讲冷笑话的同事得到了大家的喜爱，他们从不苛求别人尽善尽美，也不会提出无理的要求，而他呢，每天下班第一个走，周末的加班从不愿分担，却总以为是他不会说话才被大家拒之门外。

内向，原本是一种独特的气质，如今却被看成是一种缺陷。人们害怕承认自己的内向，反而努力地去伪装可以谈笑风生。有些感觉，无法分享，这并没有什么可耻或者可悲。不善言谈或许会阻碍你结交很多朋友，但那些懂你的人会始终留在你的身边。

但如果你固执地认为自己是某一类人，你就会用这类人的标准界定自己的人生。而当你身上的某种特质被认为是缺陷时，你就会习惯性地躲避在这所谓的缺陷里，责怪它摧毁了你的生活。

一个人不被喜欢，需要一个理由。于是，你找到了那些"缺陷"，给了自己一个合理的解释，便心安理得。然而，别人讨厌你，并非因为你不善言谈，而是因为你的修养不够，还有你从来不为他人着想。

有目标的人在奔跑，没目标的人在流浪

　　天气转凉之后，整个人都开始懒散，对于执行计划和坚持打卡都渐渐失去了热情。几个月前，公司上线了一组新数据库，增加了很多学习资料，我和 Ann 打算互相监督，每天看几页，提高一下专业水平，但每过那么几天，我们就想放弃。

　　有一次出差，在机场遇到一个朋友，也是项目上常见的一个同行。我知道他喜欢看书，就问他最近在看什么，他说自己在看药典。我很诧异。原来他最近的客户有很多制药公司的，他想要多了解点他们的产品，挖掘一下亮点。我大吃一惊，亮点不是客户告诉你的吗？谁能比他们更了解自己的产品呢？他笑着说了一句：未必。

　　后来我仔细观察了一下，真的未必。就像人无法客观地评价自己，客户也不能客观地评价自己的产品。有些人会陷入唯我独尊的幻觉里，有的人则觉得自己的东西一无是处。他们其实需要我们的视角和观点。

每次我和 Ann 被这些工作外的成长计划搞得焦头烂额的时候，每每说起他，我们都感叹差距实在太大。我常问 Ann，我们为什么努力工作？聊了半天，发现竟然是因为责任心。

　　如果对工作不负责，怕出去丢人，更怕在大浪淘沙里没有生还的余地。不过这样的生活，真的有点可怜。

　　然而，很多人都生活在这种可怜里。

　　办公楼里的清洁阿姨划分打扫的地界，过了线的一块砖都不会有人去擦；公司前台负责收发快递、接电话的秘书，看着会议室一屋子的人也绝不会主动问你用不用订饭；助理下班前也从来不会问你要不要帮忙。他们不是好逸恶劳，也不是目光短浅，而是从一开始，这份工作就只是个谋生的工具。

　　有一份工作，养家糊口，有点责任心足够了。但责任心，会让你停留在最低标准的生活里。

　　以前有一段时间，与在美国的同事合作得很频繁，所以我必须很早起床，我用了很多种方法督促自己，闹钟、打卡、让朋友打电话，我跟自己说了无数早起的好处，但那段日子依旧无比痛苦。后来，我开始写作，每天早起写作，在那一段绝不会有人打扰的时间里，煮一杯咖啡，耳边只有嘀嘀嗒嗒的键盘声。不过，比起咖啡，脑力激荡是更好的清醒剂。不知道从什么时候开始，我已经不再需要响个不停的闹钟，日子也不再狼狈。

　　在这个时代里，一个人想要努力进步，有无数的方法可以鞭策自己，但却因为间歇性的疲惫想要放弃。生活里，你会惊奇地发现，你想做的事情总有时间做，而那些你应该做的事却总是莫名拖延，道理很简单，责任感是一种低层次的驱动力。

我有一个同学，父母从小就给她灌输孝道。几年前，就因为父母的一句"你得对我们负责任"，我眼巴巴地看着她嫁给了一个相亲认识的男人。

我也经常遇到一些妈妈问我该不该为了孩子忍受丈夫的出轨或者冷暴力。每到这时，我都会忍不住劝她们早点离开。没有爸爸，孩子或许会疑惑或者苦恼，但一个为所欲为的爸爸和一个逆来顺受的妈妈，只会让他们从小就把忍耐当作责任。而以这样的态度面对漫长的人生之路，他们永远只能过上最低标准的生活。

有一次，我和闺蜜聊起到底为什么要结婚这个话题。她笑着说，结婚了，他离开我的成本会更低。这是一句戏言，说的确实是真话，大部分人想结婚的理由，除了和另一半长相厮守，更想要责任和约束带来的一种安全感。

而那个为了父母结婚的女孩还傻傻地安慰自己，再美的爱情走到最后剩下的不过就是责任。大概很多人都是这么认为的吧，所以他们选择留在那些只能消耗彼此的关系里，美其名曰：这是唯一的结局。

只有责任的婚姻，比单身更可怜。

爱情的保质期是很短的，所以大部分婚姻最终都不是用爱情来维护，人们说它会变成一种亲情或者友情。但无论留下的是什么什么样的感情，都以爱为根基。

关于这一点，我最喜欢冯唐的一句话："爱情和婚姻基本上是两件不相干的事儿，尽管非常容易搞混。但是二者之间有个重要联系，如果你和那个女人最初有爱情，哪怕之后爱情消失得一干二净，留下的遗迹也是婚姻稳固的最好基石。"

美国心理学家大卫·霍金斯博士经过几十年的实验，发现了人类不同意识层次对应的能量指数。他把人的意识振动频率分为17个层级，从0到1000，分数越高，频率越高，以200为分界，200以下的振动频率就会使一个人变得非常敏感脆弱。

爱的能量层级是500，接纳是200，感觉无关紧要是175，而冷漠时，我们的振动频率只有50。在这个能量层级的人会表现出对世界的冷漠和失望，对生活感到无能为力。

以责任心为生活标准的人大多会落入这个范围，无论表现得有多尽责尽力，也无法掩盖你对一件事最本质的厌倦和不满。

其实，大部分人都挺有责任心的，可以为了工作不吃午饭，可以为了父母子女忍受不幸福的生活，可就是不愿意为自己的人生负点责任。

三毛有句话说得好："请你担负起对自己的责任来，不但是活着就算了，要活得热烈而起劲，不要懦弱，更不要别人太多的指引。"

简单来说，就是对生活高一点标准，多一点要求，别总是像完成任务一样对待生活。不是让你为所欲为，而是提醒你，在责任感之外，对生活多一点热情。别年纪轻轻，就过得好像生无可恋。

第五章

你的善良，也须有点情商

在生活中，你怎么说话，怎么做事，都关乎着你的人品和信誉。情商高的人，总能把很多事情处理得很好，当然也懂得拒绝，不让自己受伤。这不是世故，是他们知道界限在哪里。

为何一些亲密关系最后形同陌路

前两天和几个朋友讨论："男人有什么样的表现说明他爱你，什么样的表现说明他骗你。"

大家列举了市面上的种种标准，可放在生活里，却发觉没有一个说得准。

这时，突然有个人跳出来说："一个人如果真的爱你，你一定知道。如果一个人真的想骗你，你不一定会知道。"

说得对。现在的人都挺凉薄的。过去，分别时还会礼貌地说一句再见，可如今，网络社交，经常一句话就石沉大海，谁也不知道哪句话会成为两个人最后的对白。退出一个人的生活实在太容易了。更可怕的是，一个人有没有离开你，你根本不会知道。

前两天表妹和我抱怨，有些过去关系特别好的老同学这几年总是对她爱答不理。其实，我早猜到了。表妹是学设计的，所以时常有些中学同学求她帮忙，大到 logo 海报，小到给孩子设计贺卡，她从来都是来者不拒。

忙不过来，是经常的事。所以，我劝她，能帮就帮，不能帮也别勉强。别把人家的事情耽误了。

她总是不以为意地说："哎呀，都是朋友，随便做做就行了。"

我懂她的意思，帮是情分，不帮是本分，我帮了你的忙，你凭什么责怪我。粗浅一听，是这么个道理。于是，她真的很随便，觉得对于朋友这样的业余选手来说，出三分力，他们就应该感动得不要不要的。

可惜，人心都不是这么简单。你用不用心，尽了多少力，别人心知肚明。他们会感激你花的时间，但也会因为你的敷衍而失望，然后笑着一边说谢谢，一边默默地走开。

我清楚地记得上大学的时候，我参加了一个文学社。当时学校里有不少同类型的社团，竞争不可避免。但有一件事，大家永远站在统一战线：那就是写校报。每个人都很烦这种官僚得要命的东西，总是想方设法地躲避，而且当时负责校报的是一个刚毕业的留校老师，江湖地位极低，只能凭借一点人缘求着各个社团的朋友帮忙。

现在回想起来，真的挺仗义。

有一次，终于轮到我们了，推托不掉，社长师兄不情愿地接下这个任务，分配给了我。我心想，随便写一写也就过去了。

结果，校报出来的时候，我发现自己的稿子被改得面目全非。

据说，师兄熬了一个通宵，基本上重写了一遍。

你做的每一件事都在出卖你。无论分内还是分外，你情愿还是不情愿。很多时候，不会有人挑剔你做得不好。但是，他们会选择默默离开，因为失望。

很多人说，一个人对你的态度，看他的表现就知道。可是，等他已经表现得连你都能看出来的时候，其实已经晚了。

这些年，我亲眼见证过不少人从童年老友变成形同陌路。有一段时间，一个闺蜜整天垂头丧气，没精打采。我以为她失恋了，就想着以介绍帅哥为理由让她赶紧忘了前男友。可聊了半天，才发现，人家好着呢。她是被一个老朋友伤透了心。

我挺惊讶的，一般人到了一定年纪，对友情的期望值并不会太高。所谓君子之交淡如水。即便闺蜜经常提起这个朋友多厉害多拼，我也没想到友情也可以把一个人伤得这么惨。

我问她，老朋友做了什么狠心的事，让她这么难受。

她苦笑着说，其实没有一件事值得她拿出来诉苦，不过都是一些微不足道的小事。她零零散散地说了一些，其中有一件我的印象很深。

有一段时间，她因为工作不顺，心情特别沮丧，时常叫老朋友出去吃饭聊天。过去，这个朋友失恋、失业，甚至搬家，她哪怕自己难受，都第一时间冲到朋友身边。可她难受的时候，朋友却总是一个字：忙。

还有一句特别伤人的话：你至于吗！

这句话我也说过不少次，我从来没发现过，在别人听起来这句话等于"不要烦我"。如果你没有时间也没有耐心，好好地安慰别人，可能一句"我这会儿有点忙"都能让朋友心里更舒服一点。

我问闺蜜，有没有跟老朋友聊聊。毕竟是这么多年的友情，而且越长大，推心置腹的朋友越稀有。

闺蜜摇了摇头。而另一边，还有一个人什么也不知道。

这大概是友情最凄凉的一种下场，哪怕哭着喊着撕闹一场，也好过哀莫大于心死。

一个人可能会无缘无故地爱上你，可是没有人会无缘无故地离开你。人都有一种惯性，也总是告诉自己要多体谅，所以，在失望积累到顶点之前，你不会知道的。

《奇葩说》第四季有一期讲到，"分手该不该当面说"。说实话，我从来不觉得分手是一项契约，它顶多算是一个通知。

分手，从来都不是谈判那一刻才开始的。当一个人认真地跟你说想分手的时候，你在他心里早就被划在了"前任"那个类别。

很多人最终还是形同陌路。为什么？我想原因只有一个：你不知道，有人正在默默地离开你。

忘记了是谁曾经说过一句话，婚姻里，唯一的一句真话就是：曾经爱过。

　　无论曾经多么相爱，都会因为视而不见而默默离开。曾经有人问过我，到底要给对方多少时间和关注，才能守护一段感情。这个答案，我真的给不出。就像谁也说不清，自己是在哪一刻想要离开某个人一样，需求这种事靠的是一点耐心和一点用心。

　　一个人离开另一个人的理由太多了，能力不足，关心不够，不长进，不体谅。的确有些是我们无法取悦又无关痛痒的人，但也有一些人，是我们想留却没能留住的，他们深知不会告诉你自己的打算，只是默默地在心里把你剔除掉。

　　我们终其一生，不过是在努力抵抗失去。可却常常放任那些重要的人默默离开，真是有点本末倒置。

别让坏脾气毁了你的生活

上个周末，和闺蜜大吵了一架，起因是她朋友圈里的几张聚会照片。照片里每个人我都认识，可却没有一个人通知我。

我想也没想，就给她发了好几条语音，大意是这群人是我最在意的朋友，没有之一。平时无论多忙，聚会随叫随到。只要她们拜托的事也永远排在最优序位。可她们却背着我偷偷聚会。言语激烈，态度极差，连我自己都不忍回放。

我一心认定她们故意排挤，越想越觉得自己理直气壮，满脑子都是她跟我解释的时候要怎么铿锵有力地怼回去。

过了一个多小时，闺蜜才打来电话，张嘴第一句话就是"你冷静点了吗"。现在想来，她也是够义气了，我说了那么多难听的话，她都没回一句嘴。可当时，我还没消气，讲我过去对她的好，质问她为什么要这么做。

等我结束了祥林嫂一样的唠唠叨叨，闺蜜叹了口气，说："朋友们看你最近太累了，就没叫你。"

憋了一肚子的话，突然一句也说不出来。

说实话，我最近忙得晕头转向，白天上班，晚上写书，双重夹击，每天能睡 5 个小时就算不错了。但即便如此，聚会我还是一次不落，闺蜜总劝我多休息。可我从来不听，或许是不懂拒绝，或许是害怕失去，总之，我把自己弄得身心俱疲。

可朋友满满的心疼却成了我眼中的故意排挤。我想，如果不是认识了几十年，她可能早就不搭理我了。

冲动是魔鬼，说得真没错。因为冲动，很多人失去了原本可以好好解决问题的机会，一瞬间就可以把矛盾激化到无法调和的地步。一个人遇事的第一反应里藏着他成长过程中所积累的学识、见识、品格和修养。而这个反应也决定了他的生活品质。

据我观察，有两种人生活品质都不高，第一种是遇事就怒，第二种是遇事就急。

第一种人在生活里太普遍了。就拿最基本的日常出行来说，几乎每天都能在路上看见互相吵架的陌生人。如果凑过去听上两句，你就会发现吵架的理由五花八门，感觉满街走的都是行走的炸药桶。

我就认识这么一个姑娘，就是个一点就着的脾气。正常的时候像只猫，温顺得不得了，可一旦有人招惹她了，立刻就变得很狂躁。

生活里，从不缺少可以惹怒你的人。去餐厅吃饭，总有一些新来的服务员，一问三不知，想让他推荐个菜品你就更别想了；买东西的时候，也总有一些态度很差或者脑筋死板的服务员，既不会和顾客聊天，又不会推荐商品；甚至走路都能遇上个急匆匆的行人撞了你一下，踩了你一脚。

这些人都让她很火大，而她又是个管不住嘴的人，每次和她逛街吃饭，我都心惊胆战。不是和人吵架，就是一张黑脸。

她总说自己注意保养，每天喝着燕窝、花旗参。可这遇事就爆的心态，吃多少补品也消化不了吧。

有些人说，看见不顺眼的事情就要说一下。我同意，纠正是对生活品质的要求。但是，平心而论，你每次吵架的时候都清楚地知道自己的观点吗？并没有吧，大部分时候你只是因为觉得自己被侵犯或者听到了一个不同观点，才毫无意识地生气。

吵架本身不会让生活变好或者变坏，真正影响一个人生活品质的是吵架的方式和目的。生活里，大部分人在吵架的时候，不是想解决问题，表达观点，只不过是在发泄情绪而已。

第二种生活品质不高的人是急躁型。简单说，就是沉不住气。无论是好事还是坏事，第一个反应永远是着急。好事急着昭告天下，坏事急着担忧焦虑。所以经常出现一种尴尬，心心念念的好事没发生所以很失望，担心半天的坏事也没发生，白白吓唬自己一场。

同事里有几个这样的人，一有点风吹草动就草木皆兵。

金融市场的波动经常在公司里引起关于裁员减薪的谣言，就像几个月前，同行的一家公司开始裁员，公司里很多人就开始窃窃私语，惶惶不可终日，无心工作，每天凑在一起边八卦边焦虑。可也总有些人特别淡定，不参与这些聊天，还像平常一样工作。

我经常会想，如果公司决定半年之后裁人，那这两类人的结局是一样的。但这半年里他们的生活品质一定是截然不同的。

生活里，很多人遇事的第一反应是不问青红皂白，先着急。对于已知，他们会不停地问"为什么是我"，对于未知，他们像焦虑等待审判的被告。但也有些人懂得冷静地谋划自己的未来，尽最大的努力，做最坏的打算。面对难题，他们的第一个反应永远是发生了什么事以及我该怎么办。

人们经常说，生活从来不在某个地方，它只存在于当下时刻。而生活品质，无非就是你对每一刻所发生的事做出的反应。有时候，我们改变不了结局，但至少可以让过程没那么痛苦。现在，很多心理学家都在提倡心理急救，在我看来，个人生活中的急救，就像企业管理中的危机公关。本质上，它就是要改变你遇事的第一反应。

可是，当我们在谈论生活品质的时候，人们只能想到吃穿住行用，却往往忽视心理层面的影响。一个人过得好不好，并非由物质水平决定的，而是取决于你看待事情的方式和角度。

心理学家盖伊·温奇博士曾经提到一个固定的思维感知模式：每当一个人感到沮丧或者挫折时，便会进入一种模式，你的头脑会告诉你一些事，比如你会成功或者你不会，然后你就会按照这种模式采取行动，甚至不愿意尝试一下其他路径。

而一个人遇事的第一反应恰恰暴露了这种固有的思维模式。这种反应会对你的工作、生活、婚姻、亲子关系产生全方位的影响。有个朋友曾经跟我说，结婚之前，别满脑子都是房子和钞票，现在更看重一个男人做事的态度。嫁给一个心浮气躁的人和嫁给一个淡定从容的人，过的是完全不一样的人生。

很有道理。无论是和一个容易动怒的人生活，还是和一个容易急躁的人做伴，你的日子一定不会好。

所以，一个人的生活品质由他的觉察力决定。而觉察力就是你能否在事发那一瞬间，先管理好自己的情绪，再做出反应。你能否迅速做出适当的反应，决定你过怎样的一生，即使未必能思虑周全，但至少不会让自己的一生败在事发后的那几分钟里。

如何拒绝才能给人留下好印象

　　刚过去的五一假期，亲戚聚会，家里的"大厨"有事没来，我们全家都是懒癌，出去吃饭都觉得麻烦，干脆在家叫外卖，吃得清静又自在。结果，打着麻将就到了中午 11 点多，突然意识到还没点餐，急急忙忙找了个能最快送达的餐厅。

　　过了大概 15 分钟，表妹突然接到外卖小哥的电话，说他到了餐厅，才知道我们点的一瓶饮料卖完了，又不能直接退款，让我们取消这个订单，再重新下一单。表妹问餐厅，如果重新下单是不是要安排另一个小哥给我取餐，电话里的服务员愣了几秒钟之后，吞吞吐吐地说了一句："这个我就不太清楚了，外卖平台可能自己要重新派单吧。"

　　表妹一下子就着急了，这样一来一往，一家人不知道要眼巴巴地等到什么时候才能吃上这顿饭。刚想和餐厅理论一番，一旁的舅妈突然来了一句，你让他们随便换一道价钱差不多的菜不就行了呀。

我哭笑不得，过去，我也经常遇上这种情况，但从来都是服务员小妹噼里啪啦地问我鸡尾酒换成果汁行不行，茼蒿换成油麦菜好不好。从来没有人直接说，我们这里没有，你退单吧。而这家餐厅没想到这点，才导致表妹很生气。

表妹是那种性子急躁的人，芝麻大点的事情都很容易着急。可今天这事也不能全怪她。我猜想餐厅服务员可能是个新来的妹子，经验不多，情商又不高，才不知道怎么应对经营中的危机。

在生活中，拒绝带来的杀伤力却是天差地别。情商低的人只想着怎么把拒绝说得优雅漂亮，情商高的人会想着如何帮别人解决问题。

上大学的时候，在一个国际交流的社团混过一段时间。那时候，这个社团在学校名气很大，云集各院大咖，几乎接管了学校所有的重要国际交流项目。当时，我抱着功利的心态，觉得多认识点牛人，将来对自己的事业发展一定会有所帮助。可是去了之后，我却发现，和优秀的人在一起，你得到的并不是想象中那种很实在的帮助，而是他们一直在教你处理问题的方式。

社团里，精英云集，每个人都有自己的绝技，有人擅长拉赞助，有人善于项目执行。不过我最佩服的还是内联部长Silvia。内联是社团里最不受待见的一个部门，每次招新都没人愿意去。可是，我在内联和Silvia工作一段时间后，就发现她的工作真不是一般人能干的。

有一次，学校国际部一个老师来社团里找她，说学校有一个外事接待任务，需要几个英语好的学生，还点了几个名字，可偏偏那几个人被学校另一个部门征用了，为此，Silvia 早就帮他们推掉了很多任务，可这次同样大牌的官方领导来了，我还是有点担心，想着怎么也得把这几个人的时间腾出来。

结果，Silvia 皱着眉头想了想，冒出一句："老师，不好意思啊，这几个人那段时间不在呢。"老师的脸有点变色，我紧张得呼吸都有点急促。结果，Silvia 紧接着来了一句："老师，您放心，我肯定给您找几个英语好的，保证完成组织交给我的任务。"一边说一边俏皮地吐了吐舌头。

老师满意地笑了笑，拿她没办法。显然，不是第一次了。

我悬着的一颗心也终于松了一口气。忽然想起有人跟我提到过，Silvia 在接手社团之前，被盛传高冷，各种耍大牌。现在想想，极有可能是只说了 Silvia 的前半句。

工作之后，进入服务行业，我更明白了这一点，每个人都有那么多事情做，你根本不可能随时随地满足别人的需要，但是怎么拒绝特别容易暴露一个人的情商。而我发现，最简单的一个方法就是，你给别人关上一扇门的时候，记得打开另一扇窗。这样才不会活活地闷死一段关系。

英国前首相本杰明·狄斯累利有个广为流传的故事。

狄斯累利在位的时候，一位功勋卓著的英国军官请求加封他为男爵，可是，他不够条件。狄斯累利也无法帮他走这个后门，可是两个人关系也挺好，于是，就对军官说："亲爱的朋友，我给不了你男爵的封号，但我能给你一个更好的东西。"

第二天，他便放出话去，他多次邀请这位军官接受封号，但都被军官拒绝了。消息一出，军官在人民中的形象瞬间高大了许多，甚至比任何一位男爵都受人爱戴和赞赏。这位军官后来成了狄斯累利最忠实的战友。

《左传》中说："君所谓否，而有可焉，臣献其可，以去其否。"进言时，如不可行，则以可行之法替代不可行的办法。"献可替否"由此而来。

经常听身边的人说起要如何坚持自我，不轻易向别人妥协自己的底线，所以每每遭遇两难的局面，必有一番你死我亡的心理斗争。然而仔细想想，现实里，有很多拒绝未必会带来伤害。伤害与否在于你是否带来一个解决方案。

每次有人拜托 Silvia 帮忙，她又无法完成的时候，她总会给你一个惊喜；有人约她一起去聚会，工作缠身的她总能给朋友找到一个更好的陪伴；有人找她借钱，穷得叮当响的她总能帮朋友找到有闲钱的金主。很多人好奇，她怎么那么神通广大。可是仔细想想，你就会发现，是我们解决问题的方式丢掉了很多朋友。

你给别人一个备选，可能也未必有好结果，可是给人的感觉却是你替他们多想了一点。而这一点点的差别就会让你变得和其他人不一样。有些人拒绝你，你像吃土一样难受。可有些人拒绝你，你却能得到一些意想不到的礼物。

　　所谓情商高，大概就是如此吧。

善良要以别人能够接受的方式进行

　　小时候，我们被要求做一个友善的人，父母和老师教我们要和其他小朋友分享已经拥有的东西，却从未告诉我们，善意也可能带来伤害。

　　这让我想起小学时的一个女同桌，她和沉默寡言的我形成了鲜明的对比。对于新环境，我总会不知所措，而她却很快就能融入，还可以成为领袖一样的人物，自然而然地成了班长。

　　起初，我并不喜欢她的性格，还有点排斥她，因为从我们第一次见面开始，她就滔滔不绝地讲起她经历的、听到过的好玩的事，总之不让我有一刻清闲。后来，我渐渐习惯了她的性格，反而觉得她很温暖。

　　她叫自己叮叮，那时我们都喜欢看"叮当猫"，她就给自己起了这样一个外号。可能在她内心深处对别人有一种天然的保护欲，很想成为大家的"叮当猫"，不仅有求必应，更会习惯性地去探知别人的需要。

这个习惯，让她在小学的时候就拥有超高的人气，但却给青春期的她带来了一场灾难式的打击。叮叮还是原来的那个叮叮，但那些已经长大的孩子再也不需要她这个"叮当猫"了。她的主动和热心变成了对别人的侵犯，她的滔滔不绝又变成了一种炫耀。

渐渐地，叮叮不像以前那么喜欢说话了，她只是偶尔感叹，现在好像没什么朋友了。我无法安慰，所以只好笑着拍拍她的肩膀，陪着她一起失落。

"你以为别人很需要你，但别人早已厌倦了你。"这大概就是所谓成长的代价吧，我们开始体会人与人之间的差别，然后发现自己能给的和别人需要的并不同。与其说，我们从单纯变复杂了，不如说我们在一个个独特人格形成的过程里开始要求界限和尊重。

以前看《家有儿女》的时候，有一集我印象特别深，那集讲的是姐姐小雪有个同学家庭条件很差，于是好心的小雪号召几个要好的同学一起给他捐款、捐衣服，却遭到了贫困同学的斥责，小雪的善意深深地伤害了别人的自尊心。电视剧里，这种可爱的愚蠢会被体谅，但是现实里，你一些不恰当的善意可能会因此失去朋友。

在微信群里经常能看到一个现象，当有人表达自己对生活的困惑，或者倾诉自己的苦时，总有潜水的人给你灌输鸡汤，告诉你要如何如何。你以为你是善意的，可对方却很尴尬，他只是抱怨一下而已。

很多关系里都存在这样一种危险，以自己的视角，以爱的名义给予对方，但却不知道自己所认为的关心与爱，是别人承受不了的。

我妈妈为了家庭牺牲了自己的事业，但她又是一个很独立的女性，从来不让自己沉溺在一种感情里，我常说她理性得可怕。她很爱我，这种爱与爸爸的爱不同，爸爸永远会给我买最好的衣服，带我吃最贵的餐厅。爸爸也总是会跟我说，不要太努力、太辛苦，钱够花就好，就算不够了，他的钱也够我花一辈子了。每到这时，妈妈都会站出来反驳，她说，你要学会为自己努力。有一天父母会离开，也有一天所有爱你的人都会离开，但你要想想，到那时你要怎么办。

以前，我总觉得妈妈的话有点冷漠和残酷，长大后才发现，好的爱都是智慧的。爸爸的爱不是不好，却会不小心折断我的翅膀。

所以，我常常会提醒自己，不要在一个人最脆弱的时候给他过度的帮助和支持，更不要轻易成为一个人的依赖。

身边很多错爱的悲剧，都发生在这些温暖却危险的时刻。有时，很多善良的男孩会去安慰身边失恋受伤的女孩，不是花心，而是天性中对人有一种疼爱。我的朋友里也有一个暖男，人很好，却总也谈不了一段稳定的恋爱，没多久，女孩就受不了他对别人的好。他也常常让自己陷入一种尴尬的困扰，总是问我，自己到底怎么了。相爱的人留不住，你爱的人追着他跑。我婉转地跟他说，你太好了。但是你的好，让别人丧失了自愈的能力，有点残忍。

一根刺刚刚扎进肉里的时候，拔出来会痛，但当它跟血肉长在一起的时候，再要分离，会比第一次受伤更痛。

我相信，生命是一场孤独的旅行，但这并不妨碍人们对彼此的帮助和陪伴。但是对一个人来说怎么做才是真正的善良。

这一点，我在国外念书的时候感受深刻。那时，我不少的外国朋友，他们与人的相处方式不同于我们。在我最伤心难过的时候，他们都愿意陪着你，但很少会说安慰的话。或许是我的朋友都很坚强独立，又或者是他们从小就习惯了这样的相处模式，他们也很少像我们一样喜欢滔滔不绝地开导别人。

以前，我觉得他们冷漠、不友善，他们不会时时刻刻地陪在你身边，更不会为了你错过自己重要的日子。后来想想，他们只是不想和你一起沉溺在痛苦里，这对任何人都没有帮助。他们是在用一种生活态度，教你如何自我疗愈。而我们却总是自以为是地对别人好，从不考虑他们的感受，更不会好好思考怎么样可以真的让他们生活得更好。

善良，永远不是单向行动，不是仅仅做一件好事这么简单。

真正的善良，是以别人能接受的方式对他好。不带侵略，不让他难受，更不让他沉溺。不要在别人不需要的时候出手相助，更不要跟着他沉浸在痛苦里，而是当他需要你的时候，你在这里。

这样就足够了。

有脾气是一种性格，但要注意分寸

上个星期，公司接待了一个重要且难搞的投资人，每个部门都被折腾得鸡飞狗跳。

送走了金主之后，一个小同事突然跑来抱怨："咱们又不是缺钱的小公司，钱越多越好，没钱也死不了。为何要一副很缺钱的样子，伺候着这种事儿妈的金主。"

我懂他的意思，这几天，很多同事都有点不满，感觉对方像是气势汹汹的老板，我们一个个都笑脸相迎，一句一个"您说得好""您批评得对"，俨然就是一群会喘气的软柿子。

于是，年轻气盛又特别有主人翁意识的小朋友们不服气了。想投你就给钱，不想投你就走。凭什么杀到家门口来挑三拣四，我还得感激涕零。太憋屈了。

老板一直是业内出了名的好好先生，什么事都是"好说好说"。老板没底气，员工就更没底气了。总听身边那些高层老员工说起他时，一脸无奈，这么多年，公司越做越大，利润越来越高，脾气却一点没见长。

我笑着没说话。这几年，老板的脾气分明是坐着火箭的速度长，只是他们都没看见罢了。过去的谈判桌上，投资人说一堆意见，我们只能"好好好"地生吞下各种不平等条约。可这几年，老板的标准答案变成了："哎呀，这个好像不太符合市场惯例呀。"

哪有什么市场惯例，不过就是多了那么一点自己可以定规矩的底气。有脾气是一种能力，可这种能力从来不在嘴上。

经常有人问我："Jenny，我怎么从来没见你生过气，你是不是从来不发脾气啊？"我心里默默地呵呵了一下。女人天生就是情绪化的动物，哪个女人没脾气、不爱生气呢？

可什么时候发，怎么发，对谁发，决定了一个人生活品质的差距。比如楼下菜市场一对卖菜的夫妻。

菜市场里经常发生的一幕就是买家对卖家的瞧不起。买家总觉得有那么多菜摊，我买你的菜就是给你面子啊。对于说话不客气、脸色不好看的顾客，大部分商贩要么默默地忍受，只要你掏钱，什么态度随便你；要么是人穷志不短，狠狠地瞪对方一眼，愤愤不平地来上一句"不卖"。

可这对小夫妻与众不同，他们总是彬彬有礼，笑容满面地拒绝你，还有一个冠冕堂皇的理由："不好意思，这个价钱我们赔本。"

这种冠冕堂皇的理由，比直接说"不卖"更解气。我就遇上过一次，一个蛮横无理的中年男人一听这话，立刻吼了起来："刚才你明明按这个价格卖的，凭什么不卖我？！"

原来，摊主刚刚低价卖了几筐鸡蛋，可到了这个中年男人这里，突然涨价了。男人气不打一处来，质问他凭什么坐地涨价，摊主两手一摊，假装无奈地说："对不起啊，这个价格我们真卖不了。"

据说这个男人是附近小区的居民，人很霸道，和市场管理部门沾亲带故，每天在菜市场横着走，没人敢说一句话。唯独这对小夫妻不买账。

终于，路人把中年男人劝走了。菜摊老板这才来了一句："这种人，给多少钱也不卖。"妻子频频点头称是。

真有个性。

后来，我找了个买菜的机会，和他们攀谈起来，我好奇地问他们，怎么敢得罪这种地头蛇。老板娘笑着一边给我装菜一边无所谓地说："我们家菜摊多着呢，不差这一个。大不了不干了。"

后来，我仔细想了想，他们这个摊位每天的客人络绎不绝，因为价钱合理，菜又新鲜，基本上可以说想卖谁就卖谁。

我觉得，这对小夫妻特别好地诠释了什么叫有脾气。

我不卖你，还有很多顾客，不会因为自己的骨气拖累家人的生活品质。这是底气。

生活里，有很多人不懂到底什么叫有脾气。于是经常上演一幕幕荒唐的闹剧。

邻居家有一对老夫妻，生活本来过得特别幸福，年初，唯一的儿子结婚，请不少邻居都喝了喜酒。这老两口，可以算是中国好公婆了。因为担心代沟问题，二老特意在同一个小区给小两口付了一套房子的首付，既能彼此照顾，又有各自的空间。

可大好的日子还是过得鸡飞狗跳，因为儿媳是个"有脾气"的姑娘。

我见过这个女孩几次，她的确很有脾气，而且说来就来。有时，几个女邻居凑在一起聊天，说起男人做家务的话题，该姑娘一脸的鄙视，说女人一定要有骨气，家务这种事情，还是得老公上。在场的几个人却纷纷表示，没必要分得那么清楚，彼此分担就好。

没想到，这姑娘突然急了，一副哀其不幸、怒其不争的样子把每个人都狠狠地教育了一通。等她说完，再也没人说话了。我能想象她在家里的样子。渐渐地，邻居们看见她，也只是礼貌地打个招呼，不太深谈。大家都说，生不了那份气。而她却苦恼地抱怨，为什么大家都不太爱理她了。

有一些人，不坏也不恶，可就是没人疼也没人爱，每次和她聊天，都觉得心累。

人有不同观点很正常，但你总是想在嘴上赢过别人，别人说什么，你都要奋不顾身地怼回去，真的算不上有脾气、有性格，顶多算是不明事理、情商低。

所谓有脾气，无非就是自己说了算，又不会因为任性玩死自己。你当然有权利随便发脾气，但问题是你能承受乱发脾气的结果吗？对你好的人顶多对你忍让三分，对你不好的人分分钟把你拉黑。

有脾气不等于发脾气。恰恰相反，真正有脾气的人不爱发火儿，发火儿有什么好处呢？亲者痛仇者快。你要是看谁不爽，最痛快的鄙视是让他吃个亏还说不出你一句坏话。

你得有态度、有立场，不轻易妥协，不随便退让，但更得有实力，不会因此让自己的生活品质下降。

所以，"有脾气"和争强好胜无关，和标新立异无关，它是一种理想和现实，自我和世界的制衡。它真的是一种了不起的能力。

一个人的修养，看他疲惫时的模样

上个月，和朋友去爬了一次泰山。深刻地体会到了年龄和意志力成反比这句话。爬到一半的时候，我就觉得腿已经不是自己的了。朋友们起初还会互相帮衬，到了后半程，往往谁也顾不上谁了。

有个朋友曾经跟我说，爬山的乐趣从来不在风景，光是那些形形色色的路人就足够他写本书了。以前，我不相信，可这次却深深地体会了一次。

我们一路和一群春游的大学生同行，像是一个社团在组织活动。刚上山的时候，每个人都活力无限，有说有笑。其中，一个热情活泼的男孩引起了我的注意，他背着一个双肩包，手上还拿着一个塑料袋，里面装满了食物，看上去很沉。可他还是一路招呼着落后的同学，帮他们拿东西，不时询问大家要不要休息，俨然是个大家长的模样。

朋友在一旁赞赏，看看现在的90后，哪像传说中的那么自私自利。反倒是我们这些自诩老友的人，自顾自地爬山。

想想有点惭愧。

困境中见人心，爬山时更是明显。每个人的体力和意志力都相差甚远，想要一起到达终点并不是件容易的事。我想有这么个热心肠在身旁，爬山应该会变得容易一些。

可是，我错了。

从中段开始，剧情就出现了出乎意料的反转。每个人都像霜打了的茄子一样，一个个垂头丧气，步履艰难地前行，话都不想说一句。这时，那个热情的男孩脸突然变得很臭，谁和他说话都是一副爱答不理的样子，一边走一边埋怨身旁的女同学为什么要带那么多东西。满满的好意最终变成了沉重的包袱。扔下觉得丢脸，不扔又觉得疲惫，所以只好愤怒。

这时，一直默默无闻的一个男孩却突然走了过来，笑着给他递上一瓶可乐，接过他的背包，拍着他的肩膀说，快了，快了。

看着他大汗淋漓的样子，我忍不住感叹：一个人的修养，要看他疲惫时的模样。舒服的时候，大部分人都乐善好施。唯有身心疲惫时，还能体谅别人的苦，才是深到骨子里的善良。

有些人，只要一累，眼里、心里就只剩下自己，不仅不能指望他给你加油打气，还得忙着安抚他的坏脾气。而另一些人，无论多疲惫，都懂得体谅你的不容易，即使不能帮你分担，至少不给你添麻烦。

个中差距，可见一斑。

日常生活里，这样的人也不少见。逛街、吃饭、开车，总能看见吵架的人，而且越忙碌的地方，吵架的人越多。那些平时看似谈吐不凡的高端人士，一旦疲惫就暴露了修养低的本质。

几乎每次坐长途飞机，我都能遇上对空姐不依不饶的乘客，他们明知道空姐有很多无法逾越的权限，有很多无可奈何的难处，却还是不加收敛地把怨气都发泄在她们身上。而让他们理直气壮的唯一理由就是：我累了。

这不是幼稚的巨婴心态，说到底还是修养不够好。神清气爽的时候，每个人都愿意出手相助，唯有精疲力竭时，才能看出一个人的修养。修养越好的人，自控力越强。所谓自控力，无非就是不要用你的遭遇去惩罚别人而已。

我们老板就有一条金科玉律：不要在深夜发邮件，不要在精力疲惫时见客户。

所以，每次客户不必要的加班要求，他都会推掉。然后，早早地把我们轰回家睡觉。他总说，睡不好觉的时候，三观容易扭曲。我想，他大概知道，疲惫的时候，容易暴露人的修养和本性。

这几年在职场，我见过不少的教训。

合作多年的商业伙伴因为一点蝇头小利谁也不肯退让一步；相识已久的老同事因为一点意见分歧就脏话连篇；也有不少人勤

勤恳恳工作了许多年，最终败给了一个没睡觉的夜晚。而其中大部分的悲剧都是在人最疲惫的那一刻发生的。

有位老同事有一次悄悄地跟我说："要想知道一个人适不适合组队，周五晚上见。"

为此，我真的仔细观察过周五晚上加班同志们的表现，果然是洋相百出。有人在电话里歇斯底里地和家人吼叫，有人因为菜品不对和外卖小哥没完没了地吵架，甚至还有人埋怨同事笨手笨脚害他大周末的还要加班。

但也有些人明明已经熬了好几天，还能笑着走到你身边来问，需不需要帮忙。我问他："如果我真的累到忍不住发飙怎么办？"他只说了四个字："自己待着。"

当然，修养好的人不是神，他们也会疲惫，也需要安慰。可是，他们懂得在疲惫的时候，先处理自己的伤口，而不是随便把自己的坏情绪丢给别人。

很多人说，筋疲力尽的时候，人的行为举止是不受大脑支配的，情绪、心境，乃至看待世界的角度都会变得消极黯淡。

这一点，我深有体会。如果连续几天熬夜加班，我一整天都会很暴躁，商品断货、送餐超时、交通拥堵、行人乱闯，平时那些绝不会放在心上的事，突然变得很愤怒，然后开始忍不住对人发脾气。

但正是这种艰难的时刻拉开了人与人之间的差距。就像爬山，前半程每个人都意气风发。唯有力竭时，才能看出差距。而这种差距不仅仅是你能以多快的速度攀上顶峰，更重要的是，你以什么样的姿态到达终点，因为这个姿态里，就是一个人深到骨子里的修养。而这样的人，才真正值得交往与合作。

不要急着承诺，也不要太早拒绝别人

  职场上有句名言，不怕神一样的对手，就怕猪一样的队友。

  上班这些年，遇上过各种各样不靠谱的队友或同事，不懂装懂的，PPT 里错漏百出的，不会说话得罪客户的，做事马马虎虎的，简直什么样的人都有。我一直觉得态度不好是最要命的。团队讲究的是协作，闻道有先后，术业有专攻，互相帮衬是一个好队友的标配。不配合的队友往往会让大家都难受。

  我以前就有这么一个冷冰冰的同事，一张扑克脸，还不爱说话，经常看他一个人默默地在办公室吃外卖。性格有那么点孤僻，性格上也有点倔强。大家都以为他很不好合作，所以，每次新项目组队时，如果不是老板钦点，我们很少会主动找他，以至于很长时间，他都是单打独斗。

  但老板很喜欢他。

  有一次，公司人手实在不够，小领导提议找他帮忙，还把这个艰巨的任务交给了我。本来我就是一个拉不下脸的人，宁可自己受累，也不愿意开口求人，还让我去找这么一个"大牌"，真是很不情愿。

可我还是硬着头皮敲开了他办公室的门，问他有没有时间和我们一起做这个新项目。我洋洋洒洒地说了一通，他沉默了半天，一直没说话。

我以为这件事能成，因为他没直接拒绝，就是胜利的第一步，没想到他却来了一句："我三点钟答复你。"

我一看表，两点钟了，心里顿时凉了一大半。

一个小时之后，我收到了一条微信，我估计他会说："对不起，最近太忙。"可没想到，我收到的却是一句："我可以帮忙，有空咱们聊聊。"

我兴冲冲地跑到他办公室，他一上来跟我道歉说："最近事情太多，让我先整理一下，看看有多少时间能配合你们的新项目。"

后来通过合作，我才知道为什么老板特别看重他。他承诺给你的时间里，每一分钟都很拼，他不会因为抹不开面子勉强答应你，却最终也没做好。他也不会因为害怕自己被轻视，就答应自己做不到的事情。

所以，真正靠谱的人，不会轻易给出承诺。而一旦做出了承诺，就一定会做好。

朋友聚会上，偶尔会聊起这些年遇见的"坑"友，大家有一个共识，团队作战里，最不靠谱的不是那些见死不救的人，而是信誓旦旦地答应你一定救你，到了危急时刻，却跑得比谁都快的那一类人。

一个创业的朋友突然感叹，那些关键时刻掉链子的人其实是有预兆的，这些人最明显的一个特征就是：想也不想就点头同意，到了做不到的时候才告诉你，他身心俱疲，实在无能为力。

过去，我总觉得那些一口拒绝我的人都是假朋友，找他们帮忙说没时间，约他们吃饭说要加班。我还因为这件事和闺蜜闹过别扭，有一段时间我特别闲，所以经常找她吃晚饭，可她总说："你不用等我了。"

每次我听到这句话都气得不行，感觉她完全不把我放在心里。有一天，我忍不住跟她急了。听我急赤白脸地抱怨了一通，她说了一句我就无言以对了："我怕陪不了你，你得一个人吃晚饭。"

现在我开始明白，那些不轻易点头的人才是真心对你好的。他们及时地拒绝，是不想让你活在不确定的等待里，更不想让你在最后一刻落单。这才是对你好的人呀。

一个人做出承诺的时间和他的心智成熟度成正比。可很多人都不懂越重要的决定，越要深思熟虑。迟疑未必意味着你不重要，恰恰相反，可能是你很重要。

曾经听过一个故事。一个富养的姑娘爱上一个穷养的男子。

姑娘因为担心男子的自尊心，没有说出她的家庭背景。直到一次偶然的机会，他发现了真相，自知无法给她幸福的承诺，也不想耽误她的青春，后来他提出了分手。

女孩没说一句挽留的话。

在所有人眼里，他们是天生一对，三观一致，趣味相投，根本没有那些传说里穷养富养的巨大差异。女孩平易近人，男子上进努力。谁也没料到，竟然会是这样草草收尾。

两人就这样悄无声息地消失在朋友圈，直到有一天，突然传来他们的喜帖。

几年后，他衣锦还乡，一句"嫁给我吧"弥补了这些年她独自一个人的遗憾。世上最难得的，莫过于心有灵犀的默契。她懂他的两难，他知道她在等。我想，这样的两个人应该很难分开。

曾经有很多人骂他是渣男，自卑懦弱，没有勇气为她承担。不过，我却觉得，他会是一个好丈夫、好爸爸。能经受时间考验的情感，才能长久安稳。

曾经，有个大二的姑娘问我，大家都说女追男隔层纱，但为什么她追一个男孩却像隔了一座山。每次，她殷勤地要去帮男孩占座打饭的时候，男孩都会跟她说，不用这样。每次，她找借口送男孩礼物的时候，他都会说一句，其实咱们不太合适。

姑娘郁闷地说着她的苦楚。我却说她遇见了一个好男孩。

生活里，有太多遗憾收场的悲剧故事，都源自一方举棋不定的纠结，而这很大程度和另一方暧昧不清的态度有关。

对男人来说，接受比拒绝来得容易。一个真正愿意为你承担责任的男人不会轻易承诺和接受，他们一定会先确定自己的心意和能力，确定自己能给你一个更好的生活。相比之下，那个满口承诺，说陪你、爱你、一辈子对你好的人才是最不靠谱的男人。

无论生活还是职场，承诺要趁晚，拒绝要趁早，这才是一个人最值得称赞的品格。

占小便宜的人总是会吃大亏

我最近刚换了工作，从一家有品牌也有品质的国际化大公司去了一家互联网初创公司。刚开始，工作环境和节奏会有点不适应，最让我不适应的还是个别同事的处事方式。很多明明可以双赢的机会，总是被一些小算计搞砸。

和我一起入职的还有几个从竞争对手那里挖过来的新同事，有时我们会聚在一起吃午饭，最近的话题总是目前公司的口碑堪忧。

策划部的一个姑娘悄悄地对我说，自己跳槽过来都有点后悔了。她刚上班一个星期，几乎都在处理前任的烂摊子。原本新官上任三把火，想搞个活动推广一下公司的新产品，这种活动对经验丰富的她来说是小菜一碟，她上交的策划很快批了下来。

可执行的时候，却遇上了一个大麻烦。一心想着打响第一炮的她做了一个预算，不算紧巴巴，但也不宽裕。可是找了一圈人，发现这个价钱没有一家公司愿意合作。每个公司都明里暗里地提价或者提出各种额外要求。

她过去在另一家公司的时候，分分钟就能谈下合作，可如今换了一个更牛的东家，项目却谈得磕磕绊绊。

于是，她找了个朋友去打探一下内幕，才知道，是离职的前任给她挖了一个大坑。原来，两年前，我们公司和一家规模不大的广告公司合作，做了一场小型音乐会，一方出钱，一方出资源，双方的目的很一致：提高品牌知名度。

谁知道，最后一刻，公司在所有宣传材料上，让自己的logo占了将近3/4的版面，你只能在右下角的一个角落里看见对方公司的名字，眼神不好的，可能还得用个放大镜。

对方一句话没说，我猜想是理直气不壮，刚起步的公司多少要吃点哑巴亏，自己签了一份漏洞百出的协议，说起来，也不能全怪别人。所以，就当是交学费了。可谁知道，这件小事，让我们公司变成了业内臭名昭著的典范。

人家还是愿意和你合作的，但是钱你要多付，人你要多出，定金还要比同行多付一倍。

策划部的小姑娘说起这件事的时候，咬牙切齿地问我："你说，就这么一场小破活动，把人家logo弄大一点会死吗？他们图什么呀？"

这件事真正可怕之处并不是公司吃了亏，而是这么长时间以来，公司根本不知道自己吃了亏。如果不是这个被猎头挖来的小姑娘，知道别人家的报价和条款，又有内线打听到了这个消息，我们根本不知道，自己的形象竟然这么差了。

这个世界就是这么残酷，一个人还在为自己占了点小便宜就沾沾自喜时，却不知道，其实背地里早就被联合痛击。说到底，简单一句话，出来混，迟早是要还的。

昨天，你欠别人的诚意，今天，就不要怪别人用双重标准来对待你。

最近，和一群自称小透明的作者聊天，说得最多的话题就是公众号转载见人品。每天，大家忙着写稿，还要联系编辑，开白名单，忙得不亦乐乎，很多时候，根本没时间去一个个地监督平台转载后是不是符合要求。

当然，人多力量大，大家偶尔还是能发现各种雷人的转载方式，只标公众号名称，不标 ID 的，简介不写全的，甚至连出处都不标的。朋友们感叹，林子大了，什么鸟都有。在我看来，不过是在要些小手段，占点小便宜罢了。

前两天，一个作者朋友给我讲了一件事。有家新媒体平台的小编和她撕了起来，说她的转载要求双重标准，明明同样是几十万的大号，为什么给别人转载的条件都那么好，给她的却那么苛刻。

这个朋友一向是很宽容体谅的，同样作为"公众号狗"，我深切地知道一个人像一支队伍一样地不容易。能放松标准的，她绝对不会严格。这次，不知道这个小编哪里得罪她了。

我劝她别想那么多，反正她需要曝光度，别人愿意转载，总归是件好事。我还一直劝她别计较。

她什么也没说，只是给我发来一张截图，我瞬间就觉得她不仅不应该开双白，还应该收费。

那是一篇她同意转载的文章，作者简介和 ID 标注得都很全，可是，对方却用根本看不清楚的颜色和字体，放在文末一个角落里，周围还有一圈圈闪光的字，估计不是作者本人，谁也看不见这几行字。

我想，但凡看到过这篇文章的作者，下次再给这个平台授权转载的时候，恐怕都要多留点心眼儿。那些收费授权的号，恐怕也要跟他们多要点钱了。

有时候，你真的不能责怪别人双重标准，诚信这种东西，总归还是值几个钱的。你丢掉了它，自然要在别的地方找补一下，人心的天平才能平衡。

现代社会里，诚信和人品变得越来越重要。因为每个人都很忙，深交之前，谁也没时间调查你的人品怎么样，更没有人有那么多时间来监督你答应过的事办得漂不漂亮。

违约的成本看似在降低，其实是更高了。当舆论的背书变得越来越重要，你的每一个细微举动所造成的影响就会变得更大。今天，你以为自己用一点小心机，占了别人的小便宜，却不知道，背地里，早有无数人默默地在心里把你拉黑，你可能连辩驳的机会都没有。

直到有一天，你突然发现，这个世界突然用双重标准苛刻地对待你，别人很容易就能交到朋友，而你可能加倍努力，都得不到一点信任。

占小便宜吃大亏，大概就是这个道理。

不为难别人，是一种修养

　　有一天下班，在公交车站等车。晚高峰，等车的人很多。几个女孩在我前面兴高采烈地聊着晚上的安排。突然，一个中年男人从队尾跑过来插队，并跟其中一个女孩攀谈起来。

　　两人好像是很久没见的朋友，愉快地聊着。这时，不远处有辆公交车缓缓驶来，中年男人顺势往队伍里挪了两步，想和女孩一起上车。

　　后面突然传来一个大妈的声音："别插队啊。"

　　中年男人脸上闪过一丝尴尬，紧接着气势汹汹地和大妈争辩起来，人群开始骚动，大家纷纷指责他不该插队，眼看着势弱，他把女孩拉到身旁，指着她说："我们是一起的。"

　　大家都把目光投向女孩。

　　只见女孩的脸一阵红一阵白，尴尬得一句话也说不出来。显然，她也觉得插队不合适，又不想让朋友没面子，进退两难，只好杵在那里。

最终，这场闹剧在协管员的劝解下结束。

我估计，这段友谊保不住了。朋友不是拉来给你垫背的，让他们无条件地支持你。说难听了，你就是没有修养的自私自利。而有些人不是故意为难别人，他们只是永远站在自己的角度思考，从不考虑别人的处境。

前两天，公司的助理小宇跟我吐槽一个高级经理 W。

公司的助理没有固定的团队，谁都可以叫他们帮忙。也正因为如此，谁也得罪不起，谁给的活儿，他们都不能拒绝，也因此经常会陷入两难。

今年公司的业务量不大，小宇手里的几个项目半死不活，唯一一个进行中的是跟 W 做的一个项目，所以过去的几个月，他都是在跟着 W 工作。他尽心尽力，希望年底评估的时候有个好成绩，多拿点奖金。

眼看着到了年底，本以为算是可以安全过关，小宇没想到自己手里的几个项目都起死回生了，他每天忙得团团转。

有一天，W 把小宇叫到办公室，问他最近是不是太辛苦了，要不要考虑减少点工作量。小宇感动得快哭了，以为公司里终于有人肯为他着想了。没想到，W 却说："你去跟那些人说，你现在忙我们这个项目很重要。不能做他们的活儿了。"

小宇立马傻眼了。

原来 W 是不满意小宇最近经常忙别人的项目，没时间给他干活。

小宇无奈地跟我说，本来打算好好跟着 W 干的，这回彻底看清楚这个人了。

小宇已经不是第一个这么评价 W 的人了。W 总是这样，想让别人帮忙，却从来不肯担当。每次都把同事推到风口浪尖，让同事扮黑脸，自己坐收渔翁之利。

其实，只要稍稍设身处地地想一想，就不会把如此为难的要求抛给对方。己所不欲，勿施于人，你知道对自己没好处的事，对别人也不会有什么帮助。但就是有些人，眼里只有自己的输赢，却从不考虑别人的处境。

前段日子，一则外卖小哥因为差评自杀的新闻引起了广泛的关注，他因为身体不适，延误送餐时间而连收三个差评。担心奖金被扣、丢了工作的他喝下一瓶老鼠药……

其实，谁不知道差评影响小哥的工资呢？否则人家何必厚着脸皮跟你说，麻烦给个五星。但很多人还是给了一颗星和一句抱怨。为了衬托自己的重要和优越感，总有人活生生地把日子过成"大家来找碴儿"。

几年前，因为工作的原因，我在西城租了一套房子，认识了一个室友。她是同事的朋友。刚认识她的时候，特别热情，不仅帮我搬家，还带我去附近的超市采购，我当时觉得这个人真好。

但我渐渐地就发现了问题，她特别爱挑刺，不是和楼里的保安不和，就是对超市的收银员不满，嫌这个餐厅不干净，嫌快递送货慢。特别是爱和外卖小哥过不去，有时候天气不好或者高峰时段，不能及时送餐，她都会不停地打电话，让小哥先给她送餐。到手之后，又噼里啪啦地教训人家一顿，小哥愣愣地听着一句话都不敢说。

对朋友，她也这样。总是听她抱怨朋友不陪她吃饭，不给面子。后来我才知道，她总是下班前十分钟约别人吃饭，从来不提前说，好像每个人都要随叫随到。如果朋友约好了人，她就怪人家不重视她。聚会时，朋友千挑万选的餐厅，她要是不喜欢，一定拉着一堆人换地方，要么就是一口都不吃，把气氛搞僵为止。

刚开始，我还劝她不是原则问题，不要太计较。她却生气地责怪我，作为室友，竟然不给她撑腰。时间久了，我只好不再说话了。

有些挑剔并不是因为真的要求高，只是为了炫耀。其实，挑剔本身并没有什么错，错的是你挑剔谁，怀着什么心态去挑。

我妈也是一个特别挑剔的人，对自己和对别人要求都很高，眼里容不得沙子。但她一直和我说，能扛就自己扛，哪怕吃点苦，也不要让人为难。

我妈有两个弟弟，三个人结婚的时间差不多，生孩子的时间也赶到了一块儿。我妈和小舅妈同一年生了孩子。按照惯例，都是妈妈照顾女儿坐月子，所以姥姥理所当然地应该照顾我妈，但那时小舅妈却执意让姥姥照顾。我妈知道之后，二话没说，请了假，自己带着我，一天也没让姥姥帮忙。

照理说，坐月子这么大的事，作为女儿，提点要求，耍点小性也不为过。她要是这么做了，一场恶斗之后，姥姥或许真的会站在她这边，但这个家的结局会怎样，就真的没人知道了。如果几个儿女真的因此落下嫌隙，日后打成一团，姥姥这晚年就无法安宁了。

其实，想把日子过得好，一点也不难。不过就是多体谅一点，不要总是让别人陷入非此即彼的两难选择里。

不为难别人，是一种修养。那些不为难别人的人，都有一颗宽厚的心，能站在别人的立场替人着想，理解别人的难处，而不是利用感情或者优势绑架别人的观点，要求别人和自己站在同一条战线，也不需要从别人的失误里找到优越感。以小牺牲换大幸福，这样的人，日子才能过得幸福。

成熟人应该具备的五个品质

最近这一年看了很多关于"内在工作"的书。"内在工作"，简单来说，就是在自己身上工作。我们常常把焦点放在外面的世界，但世界只是我们内心的投射。改变自己，才能改变这个世界。

有人说，这是一条开悟之路。我最初听到"开悟"这个词的时候，总是会把它和庙里的僧人、清修的隐士联系在一起。后来，我发现，"开悟"对我来说，其实就是一种成熟地生活在这个世界上的方式。

成熟，意味着一个人长大了，可以独立自主地生活，而不再需要父母在背后提供保障。

18 岁成年仪式的时候，我特别骄傲地跟自己说我终于长大了。22 岁大学毕业，拿到第一份薪水的时候，我也跟自己说，我终于可以独立了。但事实上，并没有，我还是原来的自己。所以成长根本不是那么回事。那所谓的长大，不过是从一个小婴儿长成了大婴儿。

《内在的探索》中说："在情绪上，人格继续和母亲维持着共生的关系。在生理上我们是长大了，但情绪上还没有。我们继续无意识地相信自己不可能像成人一样独立自主，以为自己仍然得依赖别人才能获得爱、赞同、认可、滋养、联结和快乐。"

那么，什么是成熟呢？

成熟的人具备的第一个品质：放下依赖

一个成年人，首先在情感上必须是自给自足的。生活上、工作上，你需要很多人的帮助，需要和很多人互动，但是在情感上，你必须可以喂养自己。一棵植物得不到水，就会枯萎，但我们是行走的植物，渴望别人用爱来喂养。当你说，我不再需要任何人的时候，是在向世界宣称自己要过上离群索居的生活，甚至有人会觉得这样的信念会让自己变得孤单，但是一个成熟的人，并不害怕孤单。孤单并不是痛苦，它只是一个状况，你可以选择独自一人或者和别人在一起，这就是一种能力。

生活中的无力感大多来自我们认为自己没有选择的力量，但当你成为一个成熟的人，你就会发现，即便痛苦，也是你的选择。为什么一个人要选择痛苦？因为它还需要你了解一些事情，因为你还没有完全地看清自己。痛苦的存在只是在提醒你，哪里出错了。

成熟的人具备的第二个品质：坚持不懈

在成长的过程中，我遇到的最大的阻碍来自懈怠。虽然我迫切地想要成为一个成熟的人，但我发现，我依然痴迷于小孩子的生活状态。曾经一位灵性导师说过："自我探索，就像是在一片荒芜的土地上开采金矿，你画了一个框，开始向下挖掘，你发现怎么也找不到东西。于是，你走到框外，又画了一个框，开始挖掘，还是找不到东西，最后，这片土地上都是你画的框框，你却始终找不到金矿，因为你从来不懂得坚持不懈。"

恐怕很多走在成长之路上的人都和我有着同样的困扰，对很多东西充满兴趣，但没有一件事情可以长久做下去。我以前总是觉得无所谓，开心是生活的第一准则。但是后来我发现，无法以"无所谓"的态度来看待自我成长这件事情。它不是茶余饭后的娱乐活动，也不是可有可无的零碎生活，就像心灵导师阿玛斯说的："一个没有活出本体的人，根本就没有真的活着。"

对于成长而言，很多时候，我们都知道自己被卡在哪个模式里，因为什么而痛苦难过，但我们就是无法逃离，这其实是一种懈怠。你或许会在每天清晨发誓要爱自己，但这句话能够支持你多久的生活呢？是不是发生了一件事你就轻易地把它忘记了？你或许每天花一个小时的时间来关心自己成长得如何，但剩下的 23 个小时里，你还是为别人而活的。这其实是一种懈怠。

成长，需要一种勇士精神，时时刻刻地提醒自己去觉察当下的选择，然后倾尽全力。起初，你或许会发现努力地去做一件事情是为了得到奖赏，但你最终就会发现，你的努力本身，已经是一种奖赏。最终，我们都走在一条回归自我的道路上，但最重要的不是终点的那个"自我"，而是这一路之上，我们曾经做过的骄傲的事。

成熟的人具备的第三个品质：承担责任

《灵性炼金术》里说：在一个不会反射你的光的环境中，如果能够发现自己的光，你就变得独立、自由了。

我们有时候让自己成为一个巨婴，是因为不想承担责任，就像小时候只要一哭闹，就会有大人来出面解决问题。所以，我们长大了，还是会哭闹，因为不想为自己承担责任。这种哭闹，可能会表现出各种各样的形式，比如抱怨、沮丧、低落。有时候想想，当你抱怨一个人的时候，你其实是想让他改变，来让你变得舒服吧。有时候，你甚至会用祈祷的方式来要求上帝或者神明解决你的问题。但神却跟我们说，去寻找你自己。

一个成熟的人，没有时间去批判生活，因为他太忙了，忙着去改变生活。如果你还在每天问，为什么我还不能过上想要的生活，为什么生活还如此不满意，那只是因为你还没长大而已。

成熟的人具备的第四个品质：彻底改变

人们常说活在当下，但活在当下的内容却大不相同。活在当下绝不是放纵生活的借口，而是提醒我们在每一个当下去处理自己的情绪和模式。诚然，成长是一个抽丝剥茧的过程，因为我们无法轻易地看见关于自己的真相。但是每一次，当你看到那层缠绕在身上的蚕丝时，你必须下定决心彻底地斩断，否则，我们只会反反复复地跌倒在相同的困境里，被同样的情绪淹没。

现在我发现，学习知识，积累经验是一个漫长的过程，但是成长其实是瞬间完成的。就像去年我爸胆结石住院的时候，我一下子觉得我成了家人的依靠。其实，我们都不必等到生活有了变故再去成长，每一个神经被触动的时刻，我们都可以改变。所谓剥洋葱的成长方式，是让我们找到那层包裹你的东西，但当你真的发现它，必须果断地剥掉那些不属于你的东西。

成熟的人具备的第五个品质：接纳自己

接纳自己，或许是成为一个成熟的人最难的条件。和很多人一样，我之所以想要成为一个成熟的人，是因为当一个孩子并不舒服。很多人说，小孩是最幸福的，但其实他们是最不幸的，没有自由，要依赖别人的喂养。而我想要成熟，是因为我想要快乐地生活，我以为当我成熟了，我就可以击败一切发生在我生命里的那些被叫作挫折的经历，不会再因为别人的所作所为而伤心难过。

后来，我变得很沮丧，因为我发现，无论你成长到哪个阶段，痛苦还是会发生，就像无论你多么注重保养，你还是会老去，还是会生病。成熟，并不能带来完美，但成熟可以带来真相。如果你以为自己很理智，或许有一件事会让你发现自己其实很情绪化。你或许以为自己很乖巧，但有一件事让你变得很叛逆。因为我们每个人都是立体的，只不过我们习惯了将自己看成一个平面。我们渴望那些好的部分，排斥那些不好的，所以才会痛苦。而成熟恰恰可以在这个方面减轻痛苦，它是一种包容的心，可以允许一切事情存在，当有人挑衅你、评判你、刺痛你，你依然会痛苦，但当你接纳自己很痛苦的时候，你就解脱了，因为真正让我们痛苦的并不是那些人，那些事，而是我们选择让自己痛苦。

  如果你下定决心走上一条成熟之路，你将会发现，不再需要像以往一样，在终点为自己设置一个奖品，因为成长本身就是最大的奖赏，因为在这个过程里，我们已经发现了生命最大的荣耀。

第六章

凡事认真的人，运气都不会太差

女人的退化都是从不舍得给自己投资开始的。投资自己不仅是为了增加生活的幸福感，更是为了让自己日后的人生每一步都走得坚定沉稳。

不要在该投资自己的年纪，光想着省钱

　　周末和闺蜜逛街，去了她最喜欢的名牌店。那家店我们基本每个月至少去一次，算下来这些年也有几十次。过去，我坚决不在那儿买东西。随便一件衣服，小几千块，我舍不得花，可后来，在闺蜜的影响之下，我也开始"败家"。

　　闺蜜是个很讲究生活品质的姑娘，在她眼里，脸、衣服、鞋是这个世界上最重要的三样东西。哪一个打扮不好，她都不会出门。

　　去扫货那天，店里的生意很好，有不少人在购物。闺蜜试衣服的时候，我四处闲逛，无意中听见几个女孩在聊天。一个姑娘看上了一件2000元的新品衬衫，犹豫着要不要买，有朋友劝她："喜欢就买，反正也不是买不起。"也有朋友阻拦她说："算了吧，什么样的衣服不是穿，何必买这么贵的。"

　　姑娘纠结了半天，最后还是没买。

　　后来，听老板说，这个姑娘来了好几次了，心心念念想买一件衣服，可每次都是最后关头，忍着没买。

想起姑娘离开时那个落寞的背影，我忽然特别感谢闺蜜，在二十几岁的时候她就教会我一个道理：女人一定要舍得给自己花点钱。

经常有人问我，会攒钱和会花钱的女孩差距到底在哪里。

记得我上班的第一年，赚钱不多，舍不得吃，舍不得穿。攒钱技术一流，化妆品买最便宜的，书都是图书馆借的，基本不买衣服，运动也仅限于走路，每个月的净收入比身边的人多一倍，我成了同事们眼中最会过的那种女孩。

我看着银行账户的数字不断增长，用自律约束自己。闺蜜一直劝我，多花点钱，打造自己的形象，我没听，觉得一个人的气质、修养都不是钱能买来的。

直到有一天，闺蜜叫我一起参加一个聚会，我还是一样朴素，她还是一样奢侈，同样是不认识的朋友，她的身边很快就围着一群人，热络地聊天，我被晾在一边，几乎没人说话。

回来的路上，我不服气地跟闺蜜抱怨，现在的人只靠外表看人。

闺蜜叹了口气，语重心长地给我上了一课，穿得讲究有两个好处：对于那些重视道德、修养、三观的人来说，你表达了自己的尊重。而对于那些只是看脸、看衣服的人，你堵住他们的嘴。要想扩展自己的社交范围，这两种人你都得面对。

这几年，闺蜜的事业如日中天，又认识了一个优秀又懂得欣赏她的老公。

结交优秀的朋友，是女人成长的一个捷径，无论是职场还是情场，朋友都会改变一个人的层次。聪明的女人都明白，经营好自己的朋友，就是一笔划算的投资。

有一次，在公司洗手间听到两个女孩的聊天。其中一个姑娘，正在犹豫要不要周末报个英语班。另一个姑娘在旁边不屑一顾地说："上什么课呀，上了也是浪费钱，学英语得有语言环境，还不如攒钱，以后给自己买套房，将来还能养老。"

想上英语课的女孩思索了一下，点点头。

我想，她可能放弃了。

这段对话让我想起了一件事。

几年前，公司出台一项新政策，为了提高员工福利，每个部门可以申请一笔培训费。从老板的角度，是希望大家去学点和专业相关的东西，买买书、上上课。但他从来不强制要求什么，全凭自觉。他总说，每个人的选择，都得自己负责。

于是，有些人真的拿着钱买书或者去上课，学英语、考各种职业证书，或者自己贴点钱读 EMBA，但也有些人把这笔钱拿回家，攒了起来。老板睁一只眼闭一只眼。

后来的事实证明，不监督你的人才是最狠的。因为一年之后，几乎每个部门升职的都是那些花了钱的。

我曾经好奇地问过一个姑娘，为什么公司出钱，她都不愿意去学习。她的回答让我特别无语：能省的钱还是省着点花。

姑娘啊，这真的不是省钱，而是浪费生命。就像很多人为了省10元钱，花几个小时在网上精心筛选，她们从来没想过自己花的时间值多少钱。也有很多人为了省下学英语的钱，整天没事去交友网站找外国人聊天，她们也没想过，如果花钱好好请个老师，英语会进步很快。

如果女人在二十几岁需要投资自己的时候，只想着省钱，那是件挺可怕的事。省再多的钱都比不上一个人赚钱的能力，而对于这种能力的培养，20多岁正是黄金阶段，等你遇到中年危机了，才明白省的那点钱不足以给你安全感。

不知道你有没有发现，上大学的时候，除了个别白富美，班里的女生都差不多，过着简单的校园生活，因为都是穷学生，消费的水平也差不多。可毕业之后，女孩们的差距就变得越来越大。有些人把日子过得热气腾腾、红红火火，不断对自己进行投入，而有些人却每天两点一线，日子乏味毫无乐趣，总是在抱怨生活。

人们常说，女人20岁之前的容貌是父母给的，20岁之后是自己修的。而女人的退化都是从不舍得给自己投资开始的。投资自己不仅是为了增加生活的幸福感，更是为了让自己日后的人生每一步都走得坚定沉稳。

所以说，女人要在年轻的时候，学会投资自己，提升自己。

女人一定要活得精致一些

我们部门去年来了几位新人，都是名校毕业，脑子机灵，情商满格，还特别勤奋努力，活得特别精致。同事们都感叹，幸好自己早出生几年，否则跟现在这群孩子抢饭碗，估计会饿死。这个时代，竞争越来越激烈，人也越来越优秀。

比如办公室上个月刚来的一个 90 后小姑娘，从里到外，都没什么出众的。她只有一个优势：活得讲究。

平时不忙的时候，每个姑娘都特别讲究，化着精致的妆，穿着漂亮的衣服，每天都嚷嚷着不美会死。根本看不出她有什么特别。

可只要一走到她的工位，你就会立马感觉，这姑娘太不一样了。

我每天上班都要经过她的工位，远远地就有一阵香气扑鼻而来，而且每天味道都不一样。问她为什么，她说每天心情都不一样。再走近一点，更让人惊讶了。整洁的文件夹，各种收纳盒，展板上各种旅行的明信片，还有好几盆多肉植物。

在办公室养多肉植物，曾经是办公室里很多姑娘的愿望，但除了她没有一个人真正做过。植物好像知道人的心思，你怎么对待它，它就怎么回报你。

一个人到底有多精致，看看他生活的环境就知道。每个女人都说自己热爱生活，可是，爱打扮自己的女人很多，用心装点生活的女人却很少。而这点用心，就是女人最宝贵的不动产。

人们经常说，比文盲更可怕的是美盲。我觉得，比美盲更可怕的是心盲。而一个人心灵最大的盲点莫过于，对生活不再有美好的向往。

大学刚毕业，为了上班方便，我和一个姑娘在北京合租了一套房子。虽然只住了不到三个月，却让我整个人生都改变了。

那时候，我有男朋友，她单身。我经常不在家，周末也是卷铺盖回爸妈家。所以，这套房子基本上都是她一个人在打理。搬进这套房子之前，我的想法就是凑合住，反正上班很忙，下班约会，就是像旅馆一样是个睡觉的地方。

可她不这么想，哪怕没钱没伴，自己也要好好生活。

她喜欢吃西餐，可是没闲钱，于是，她就自己研究食谱，去市场买菜，在厨房捣鼓半天，做出一顿漂亮的一人食。

她也喜欢星巴克的马克杯，但舍不得买，就在淘宝上淘了白色的骨瓷杯和一堆胶带，自己贴了个高仿星巴克。

周末，她去看免费展览，参加 9.9 的油画沙龙。

现在很多人说，女人一定要舍得给自己花钱。但在室友身上，我发现，高品质的生活未必要花很多钱。的确，钱可以给你大部分你想要的东西，但它无法给你一颗热爱生活的心。而这颗心，就是一个人最宝贵的"不动产"。

我后来特别喜欢看室友摆弄她的瓶瓶罐罐，那些价格低廉的化妆品，被她贴上各种复古贴纸，好像贵妇品牌的限量版。

她身上的这种气质经常让我想起"上海最后的贵族"郭婉莹。

几年前，一次机缘巧合，听到了郭婉莹的故事，然后去读了《上海的金枝玉叶》。从此，这个人物就成了我的偶像。

郭婉莹的一生经历了几次大起大落。前半生，她是上海永安百货的四小姐，锦衣玉食。可她的下半生，却是坎坷不断。先是自己执意下嫁的丈夫出轨，后是家中生意败落，丈夫又被划成右派，很快病逝，而她被下放到农村改造。可有一点，她从来没变过，那就是：一定要过得精致。

只要出门见人，她永远要化妆换衣。即使穿着粗布衣服，她也决不愿随便出现在别人面前。从小生活在澳大利亚的她喜欢吃西餐，在艰苦的条件下，她用煤球和铁丝烤土司，用铝锅和面粉做圣彼得风味的蛋糕。最绝的是，刷马桶的时候，她穿着自己最爱的旗袍。

晚年时，有外国记者采访郭婉莹，让她讲讲在中国吃的苦。她却淡定地说："劳改有助于保持我的好身材。"

相信看到这里，你一定懂了。有一种精致在女人的骨子里，即使在最艰难的时刻，她也放不下那份骄傲。

春风得意时，每个女人都精致动人。而失意时还能优雅面对人生的，才是真正热爱生活的人。行动的一小步是心灵的一大步。一个女人是不是真的精致，看她逆境时的模样。真正摧毁一个人的从来都不是贫穷，而是再也不相信，美好可以出现在自己身上。

最近，网上流行一篇国贸人消费观的文章，说他们月入五千活得像年薪百万。文章一出，就在朋友圈里引起一番激烈的争论。有人不欣赏他们的生活方式，也有人喜欢他们及时行乐的自由自在。其实，说实话，我挺欣赏的。

这些年，不少人诟病精致，觉得一边穷一边精致，就是肤浅。说实话，我不赞同。

我认识一个姑娘，月薪1万，除了租房吃饭，几乎剩不下什么钱。但她却吃了好几个月的"土"，给自己买了个普拉达。过去，我也劝她不要过得这么浪费，毕竟以后用钱的地方还很多。

她说了一句至今让我难忘的话："你看见的是一个包，我看见的是一件武器。不是亮给谁看，而是告诉自己，总有一天，我眨眨眼，就能把它买下来。"

人有时候，一定要买一点自己用不起的东西。不是为了炫耀，是给自己保留那股精气神儿。我不是鼓励你盲目消费，而是要寻找一点能保持斗志的东西。高晓松说过："反正生活迟早会打败你。不如趁现在狠踹它几脚。最怕你在最好的年纪，把最丑的样子留给了世界。"

这些年，越来越多的女性聊起安全感，好像给自己买个房，投资一段婚姻，就能得到所谓的安稳。但说实话，这个世界上根本没有什么东西能带给你真正的安全感。房子不等于家，婚姻不等于爱。能让女人过得幸福的，是她们那颗向往美好的心。

精致或许只是一种表象，它可能并不值钱。但精致下的那颗心，却是无价之宝。

你打发假期的方式藏着你的未来

　　每次放假结束，沉默的微信群就会渐渐活跃起来。

　　大家聊得最多的话题就是：假期都是怎么过的。一说起这个，每个人都成了话痨，起初都打字，说到激动处，干脆发起了语音。我听了几句，还真是热闹。出了门的是马不停蹄，没出门的也是聚会不断。简直就像一群从监狱里放出来的"囚犯"，庆祝重获新生。

　　这时，来串门的表姐兴致勃勃地凑过来听这段语音，然后一边听一边笑得合不拢嘴。

　　我问她笑什么。

　　她咧着嘴说："我就喜欢听别人的假期都是怎么过的。"

　　我以为她是想听到一些有趣的故事。但她接下来说的一句话，却让我差点晕倒。她说："一听别人放假都在吃喝玩乐，我就放心了。"这是句玩笑话。可也是真相，你不吃喝玩乐，别人怎么优秀。

上一个十一长假，是我们第一次一起过，也是我第一次知道她的日常。总结起来两个字：可怕。刚看见她的假期计划时，我惊呆了。每天满满当当的计划，工作、读书、健身、上日语课，看着比我上班都累。我好奇地问她为什么学日语。她说，节前公司宣布了开拓日本市场的计划，她想趁着放假先学点日常用语。节后再找个老师好好学。

从小到大，表姐都没我的学习成绩好，从来都是她追着我跑。可上班之后，她就像坐上火箭一样，迅速超越我这个公认脑筋灵活的人。她用了一种最简单粗暴的方法：以勤补拙。按照她的话说，笨鸟不必先飞，在其他鸟停下的时候多飞一点，就赢了。

不知道你发现了没有，每次假期过后，都有人要经历一次人设崩塌。胖得没了人样，脸上没有一点光，工作各种没状态，手忙脚乱还脾气大。但总有那么一些人，人设特别稳定，神清气爽，面色红润，工作上的事早已准备得妥妥当当，从来不担心节日综合征。而这些人，无一例外都是善用假期的人。

你放飞自我痛快时，别人还在只争朝夕。不是非要拼了命地和谁比，但你的人生这么草率，可惜了。人生本没有什么意义，取决于你怎么活而已。

我曾经问过一个学霸，放假还这么勤奋，不累吗？她说了三个字，让我心服口服：习惯了。这大概就是学霸和学渣的差距。

一个人深到骨子里的勤奋就是习惯，读书、健身像吃饭睡觉一样变成他们生活不可缺少的一部分。我经常在想，如果不是身边这些优秀的人，我可能永远不知道，自己是怎样一步一步地被甩十万八千里。

曾经在网上看到过一个关于学霸谈恋爱的帖子。

帖子的主人公是两个异地学霸，因为不能彼此陪伴，他们谈恋爱的方式就是一边视频一边复习。当初看的时候，我深表怀疑。可后来，我才发现，优秀者的生活和我们真的相差有十万八千里，不仅出没的地方不同，打发时间的方式不同，连话题都不同。

说直白点，你不多看点书，根本没法在朋友中混。这种差距，不可怕吗？

很多人都盼着放假，说实话，我害怕。平时上班的时候，为了不加班，效率超高。每天躺在床上一想到自己一天做了这么多事，满满都是满足感。但只要一放假，再没人督促，就像泄了气的皮球，没有一项计划能实现，自控力明显很差。

可能有很多人像我一样傻傻地呼唤着自由，却从来没想过，自由对自己来说是不是真的有益。说实话，我从来不觉得，放假是一种奖励，它更像一场考试，但很多人都会不及格。被鞭策的时候，看不出太大差距，一旦拥有自由，有些人反而像中了邪一样，荒废，荒废，荒废。

或许有人说，人生本来就图个高兴，放假我就想休息一下，怎么了。每次听到这样的话，我都忍不住反驳，如果你觉得人与人之间的差距只在于勤奋与否，那你就大错特错了。懒也是有段位的。高品质的懒是滋养，低品质的懒只能叫消耗。这也是为什么那么多人放假之后，比不放还累。我曾经仔细观察过身边的人，发现越是优秀的人，越会管理自己的精力，所以越会休息。这一点，从假期时光里看得一清二楚。

说回我表姐。她的假期计划每年都会有所不同，但都有一个共同点：简单。每天早睡早起，虽然行程紧凑，但大部分时间，她只做自己喜欢的事。她喜欢把所有的应酬聚会都放在工作日，放假如果有人找她出去吃喝玩乐，她都会拒绝。有时候，她会去做一些平时想做却没时间做的事，有时候也只是无所事事地坐在阳台发呆。

我按照她的方式过了一个小长假，我才知道，什么叫真正的放假。不用奔走于婚礼、聚会、各种局，一句简单的"对不起，我去不了"，其实真没什么大不了。我们每天的应酬，很多不过是在消耗。所以，假期好好陪自己，才是真正的休息，或者做一些让自己感兴趣的事情。你只知道过劳死，却不知道不爱自己的活法死得会更早。

人们经常说，一个人打发时间的方式里藏着他的未来。可惜，大部分人没有什么可以打发的时间，每天都是忙忙碌碌，所以真正能让你脱颖而出的，大概就是假期。因为你如何过假期，就如何过一生。

以退为进，是最笨的方法

夏天来了，天气越来越热，办公室里的同事也越来越躁动不安，午饭的话题不知不觉就从前几个月的职业规划变成了年假计划。

刚来没几天的名校实习生小 C 是个没心没肺的小朋友，跟项目经理抱怨，为什么每天总是整理文件、打印、复印，什么时候带他做项目。经理是个好脾气，劝他安心做好手头的工作。

我偷偷问小 C，你为什么要来我们这里？以他的资历绝对可以去一个更好的公司。小 C 有点委屈地跟我说：虽然钱少点，但我觉得你们能更重视我。原来他想"屈尊"换机会。

想起高考填志愿那一天，同桌灿灿悄悄地划掉已经选好了的一连串的志愿，只留下了一个：北大。那是一份我们每个人都和老师、父母研究了好几个月，分析了无数次模拟考试成绩才选定的清单。我和灿灿几乎每个晚上散步的时候都要讨论怎么填报志愿才能既给自己搏一搏的机会，又能留一条退路，不至于复读。但灿灿还是放弃了所有的退路，我则选择了稳妥。那时的我像小 C 一样，以为去了一所差一点的学校，就可以面对更小的竞争，赢得更多的机会。我以为妥协了人生一部分的诉求，就可以换取另一部分人生的成就。

最终，我们都如愿以偿地进入了第一志愿的学校。她在大学读完了两个学位，去了三个国家交流，交了很多外国朋友。而我却因为自以为是而遭遇了人生最大的一次挫折，保研失败，又错过了最佳的求职季。

一次聊天时，灿灿跟我说，想起来有些后怕，无法想象如果我真的去复读，生活会变成什么样子，但那时她就是脑子一热决定要去拼一拼。但我知道她不是脑子一热，因为她永远是这样，不肯给自己留一条退路。而我每一次都会跟自己说，没关系，如果你努力，或许你也可以，而我那时却辜负了这句话。

人生，不取决于你做什么，而在于你如何去做。价值，不在于你获得了什么，而在于你以什么态度去经历生命。以退为进，是一种最笨的方法，因为守住那条底线比勇往直前更难。有时候，妥协后的舒适感像一杯让人沉醉的美酒。世界变了，你却一无所知，就是人生最大的讽刺。

闺蜜群里的小米长得不是最美的，智商不是最高的，却是最有异性缘的。我以为以她的性格怎么也会多玩两年，没想到大学毕业就早早地结婚了，找了个对她百依百顺的老公。她俨然成了闺蜜们的"爱情导师"。

每一次，只要有人在群里问，要买什么东西给男朋友好的时候，她都跳出来制止："你们这样把男人都惯坏了。"

有人去相亲，遇到心仪的对象，她也跳出来："女孩子，不要太主动。"

但是我最了解小米，我知道她为什么会这样。我们两个从小就是邻居，一起读小学和中学，念大学我们才分开。记得，初中时有一阵子，每天放学，小米总是央求着跟我回家写作业，她说不想回家。后来，我才知道，小米的爸爸妈妈离婚了。小米妈妈在我的印象里是一个性格温柔的贤妻良母，长得很娇小，说话声音也像蚊子一样，和我妈很不同。我妈总是喜欢在我耳边唠唠叨叨，不高兴的时候还会大吵大闹，我喜欢说话轻声细语的小米妈妈。小米也特别喜欢黏着妈妈，时不时地还向我炫耀一下。

最后，小米爸妈还是离婚了，小米跟着妈妈。从那以后，小米整个人都变了，她每天放学躲在我家，直到小米妈妈来敲门带她回去。我才发现，小米和妈妈不再亲密无间，讲到妈妈时她的眼中也不再有昔日的光芒。

今年年初，有一天大半夜，她哭着跑来我家，说她准备离婚了。我问她为什么，她说查到了老公和另一个女人去旅行的记录，而且他们在一起已经两年了。小米最接受不了的是这个第三者比她足足大了 8 岁。小米的老公说,小米身上有一种若即若离的吸引力,但他累了,不想再继续这样的游戏了。

以退为进的爱情,是如此的无力。再多的诱惑,也无法支撑一段有所保留的爱情。一次次的试探与漠然,也只不过是在消磨最初的那份真情。但如果不爱,我们何苦费尽心思地确认对方的真心,我们不仅爱,而且非常爱。

但是为什么,无论我们多么渴望付出,却依旧有所保留?为什么无论我们找到多么合适的人,都无法全然地交出自己?

因为那样做不安全。我们的内心都感觉自己是一座孤岛,无论身边有多少陪伴,那种印刻在记忆中的孤独感永远都在。哪怕身处喧闹之中,我们的灵魂都有一种深层的恐惧与不安,若隐若现。

当我们每一次假装不在意,假装无所谓的时候,其实是在期待被看见、被呵护,不是吗?

试探别人的真心,最后受伤的总是自己。因为没有人坚强到可以义无反顾地为另一个人付出,就像一个朋友常说的,最美的初心都需要鸡血。我们不需要无条件地付出,但我们至少要让对方感受到爱。

《解脱之道》中讲:"恐惧和欲望其实是同一个东西,是一体的两面。害怕受伤,就会渴望不受到伤害。害怕自己受到排斥,就会渴望别人能接受你。"

以退为进，是一种借口，掩饰我们心中的恐惧与不安，因为害怕得不到对等的爱，我们都不愿成为那个先付出的人。以退为进，也是一种欲求，渴望别人按照我们的心意改变。因为害怕失望，我们想以爱之名要求对方妥协。

　　我们以为全然地付出爱，就会丧失自我，会让自己被吞没在别人的欲望里，但其实，那个被我们抓住不放的疆界，才是阻碍我们体会爱的罪魁祸首。

　　但是别忘记，我们每个人都在经历相同的痛苦与不安，站在你对面那个陪伴你走过风风雨雨的人，也会迷惑，会彷徨，会害怕。

那些不纠结的女人才能活出自己

怎么平衡工作和事业，是每个女人都要面对的两难选择。身边的女友们每每聊起这个话题都愁眉不展地感叹：女人的时间表比男人更紧张。

特别是那些正在事业上升期的姑娘，都琢磨着是不是应该等几年再结婚，可是年纪不饶人，眼看着身边的人一个个都当上了妈妈，总觉得自己还有任务没完成。可读了这么多年书，不在事业上拼一把又不甘心。

总而言之，两个字：纠结。

每到这时，我都会想起小佩姐，一个眉目疏展、惬意优雅的"老姑娘"。我最佩服她的一点就是果断。

她出生在一个重男轻女的家庭，十几岁时，她就和父母赌气，离开了老家。小时候叛逆，不爱读书，也没考上大学。走进社会才发现没文化的人容易吃亏，又常常被人看不起，于是又开始偷偷恶补。

就这样，一边工作一边自学，凭着一股不服输的狠劲儿，在一个男性主导的行业闯出一番事业，进入管理层后，再也没人拿她没上过大学说事儿。可是，事业做得风生水起的同时，却耽误了婚姻大事。眼看着过了 30 岁，终于遇上了一个喜欢的人，兴趣一致，三观合拍，还对她各种好，对方唯一的要求就是顾家。

这个要求听起来也不过分。毕竟大家都说，女人嘛，迟早要回归家庭。可对于像她这样的女人来说，回家就是痛苦的抉择。

不嫁，往轻了说，要再寂寞几年，往重了说，没准要孤独终老了。毕竟到了这个年纪，放弃一个少一个。可如果嫁了，很有可能一辈子要在事业和家庭中纠缠。

如果换作一般人，大概要想很久。毕竟过了浪漫的年纪，总要考虑很多现实的问题。可小佩姐想了半天，就提出了分手。大家都惋惜哀叹，有时看着她形单影只的样子，我也忍不住问她一句："会不会后悔错过那个人？"

她总是淡淡地说："他顶多是'过'，不能算是'错'。他再好，我也不能要。家庭不是我的归宿，这也根本不是我想要的人生。"

还有什么比这个理由更充分的呢！

这个世界就是有这样一种女人，活得洒脱坦荡，你很难见到她们眉头紧锁，也从没听过她们抱怨。因为她们知道内心最渴望的东西，所以她们懂得抉择，不纠结、不遗憾，更不担心所谓的错过。

上大学的时候有个女同学，毕业那年，拿到 offer 的第一件事就是把婚结了，嫁给了她的初恋。两个年轻人，刚从大学校园走入滚滚红尘，不知道世界多少诱惑，更不知道彼此的未来在哪里，就这么仓促地结了婚。

按照朋友们的话说，女人在男人最不靠谱的年纪出嫁就是一场豪赌。运气好了，是一段传为佳话的初恋。运气不好，户口本上分分钟从"已婚"变成"离异"。

可她咧嘴一笑，露出一口洁白的牙齿，来了一句："结个婚而已，你们至于嘛。"

那一刻，她在我心里变得很酷，不被男人束缚的女人，自带光环。

我一直觉得，现在的女人把男人、爱情、婚姻都看得太重，以至于总是不停纠结于男人对自己什么态度，这样的男人到底值不值得嫁。说实话，你把那些放在男人身上的心思都用在充实自己身上，你早就变成女神了。

说到对待爱情和婚姻的态度，我最欣赏的就是徐静蕾。她身上有一种我行我素的气质。她说："结不结婚，对我来说真的无所谓了，真要结了婚，我觉得自己和婚前也不会两样，我还是在恋爱。婚姻对我来说只是一张纸，两个人在一起感觉好就是好，不好它也捆不住。现在许多人都把结婚当作一件人生中很重要的事。"

无所谓，是一种内心深处的自信。爱的时候，全情投入。不爱的时候，挥手离开。会哭，会笑，会喜悦，会沮丧，这就是人生啊。

高中同学悦悦说，几乎每一段婚姻都可以分为两程，以包括出轨在内的各种问题为分界线，前半程是愉快而难忘的，后半程常常是让人失望的。而一个人的日子能不能过得好，并不取决于在分界线上你向左走还是向右走，而是你开始走上这条路的时候，是不是能克制自己不去想另一条路上的风景。

我经常找读心理学的悦悦倾诉生活压力。她最喜欢说的一句话就是："现在的女人太会折磨自己了，人生明明处处是通途，却总觉得自己走投无路。"

前几天和悦悦吃饭，我们聊起最近火爆的第三者和出轨的话题。

其实，悦悦也算是第三者的受害者。她的爸爸在她十几岁的时候就因为出轨离婚了，这么多年，她一直跟着妈妈生活。我总觉得照理说她心里对男人和出轨应该多少有些偏见，可并没有，每次说起这些话题，她都能分析得头头是道，不带一点情绪，总有一种云淡风轻的坦然和豁达。

后来我知道，她妈妈就是这样的人，因为精神洁癖，接受不了出轨，她当即决定离婚，独自把悦悦抚养成人。这些年，妈妈从没在悦悦面前说过爸爸一句不好，悦悦要想见爸爸，她也从没阻拦过。悦悦说，好像在妈妈眼里，根本就没有这个人了。

后来，悦悦妈妈遇上了一个很疼爱她们母女的男人，悦悦有了第二个爸爸。悦悦经常跟我感叹，她之所以没受到什么伤害，大概是因为妈妈从来没有说起自己的苦。难怪，见过悦悦妈妈的人无不惊叹，快 60 岁的女人怎么能保养得这么好。我想原因在于她不纠结过去看似不幸的婚姻。

我欣赏马伊琍的那句"婚姻不易，且行且珍惜"。其实，分或者合都不是重点，真正重要的是你怎么选择，又怎么守护自己的选择。

在遭遇出轨那一刻，女人可能是受害者。但当生活给你机会做选择的时候，你就已经重新拿回了主动权。女人的态度会影响一个家庭的走向。对于婚姻来说，女人的纠结比第三者的破坏力更强，那些离了婚却胆战心惊的女人，那些没离婚却不敢相信的女人，没有哪一个过得好。

纠结来自恐惧，而恐惧来自一种信念，你总觉得有一条路会更好，却忘了一路上不停创造生活的人是你自己。

女人的一生要面对比男人更多的抉择，责任更重，顾虑也更多，但是真正消耗女人的根本不是什么两难的决定，而是你不知道自己要什么，又对想要的生活不自信，没底气是女人最大的包袱。而那些不纠结的女人却懂得，无论你的计划多么详尽周全，人生没有哪一条路会走得格外容易。

女人的不幸是从"随便"开始的

前天，同事 Sisi 在微信群里发来一个链接，一家网上花店在搞团购，每周一会送不同品种的花到办公室。Sisi 一声令下，大家纷纷掏钱。在办公室众多糙妹子眼里，Sisi 就是偶像。很多人在年初设定的目标就是活得像 Sisi 一样精致。

去过她办公室的人无不惊叹，一张干净整齐的办公桌上摆着各种花花草草，各式各样的茶壶茶杯，一面的墙上贴满了明信片和家人的照片，走进去，扑面而来的永远是一股淡淡的香气，每天都有不同的味道。

我问她，为什么用那么多茶杯。她说不同的茶要用不同的杯子，绿茶用玻璃杯，乌龙用紫砂壶，红茶用瓷杯。我指了指那些五颜六色的马克杯问她，这些干什么用的。她淡淡一笑说，配衣服用的。

想起自己拿着一个超市的赠品杯子在茶水间进进出出的场景，顿时想找个地洞钻下去。

Sisi 就是这样一个精致的女人，按心情穿衣打扮，按季节不同喝茶，并使用不同的茶杯。

以前，经常有朋友说她太矫情，明明赚不了多少钱，还把收入浪费在这些没用的东西上。一杯茶而已，用什么喝不都一样嘛！

可是，这一个杯子的差别里就藏着一辈子的差距。

每个女人年轻的时候都说自己绝不将就，可随着年龄的增长，往往越过越凑合。

羡慕别人的私人花园，可自己连买束花都犯懒，还学会了安慰自己，反正花总归是要谢的，买了也是浪费；羡慕别人白里透红的好气色，可自己连好好化个妆的时间都不想花，还自欺欺人地说，反正也没人看得见。

女人的不幸往往是从将就那一天开始的。

公司有个同事，结婚之前是个活得极其精致的姑娘。从外套到内衣，从洗发水到护手霜，全都是精挑细选的，每次办公室的人蜂拥去楼下超市买打折货的时候，她都一脸鄙视。可是，结婚之后，她却完全变了一个人，说起自己的时候，明里暗里都是一句话：反正有人娶了自己，再精致也没用了。

婚后她的生活只围着男人和孩子打转，再也没有时间去做美容、弄头发，周末也是宅在家里洗衣做饭。

我们都学着她不再去买超市的便宜货了，她却开始在超市淘快过期的打折商品。过去中午问她想去哪里吃饭，她总是挑轻食餐厅，说有营养又对身材好。如今你问她想吃什么，她总是找那些又快又便宜的地方，完全不顾味道如何。每天嘴上说得最多的两个字就是：随便。

没过多久，她的婚姻就亮起了红灯，对生活再也没有要求的她，对另外一个人来说也就失去了吸引力。

其实，想想不难理解，婚姻不是扮家家酒的游戏，而是两个人一起朝着一个共同的方向努力，可是当其中一个人不停地说"随便、没关系、无所谓"的时候，另一个人会觉得乏味又无趣吧？

记得第一次看美食节目《一人食》是在出租车上，当时就有想哭的冲动。平时自己吃饭的时候，不是随便买个三明治，就是叫个外卖盖饭，绝对不会自己开伙。可是，那个短片里的人，竟然为自己一个人做出如此精致的一顿饭，有菜有肉，有颜值又有品质。

一个女人过得多精致，她就会多幸福。因为，她对待生活的态度就是她热爱生活的程度。

相信很多人对《穿普拉达的女魔头》里的米兰达都印象深刻。当年，这部电影给我最大的冲击就是女人过得糟不仅是生活的不幸，事业也会变得很糟糕。

印象最深的一幕是米兰达为新一期杂志试装，因为一条天蓝色的腰带和下属发脾气。在菜鸟安迪眼中完全没有差别的两条腰带，在米兰达和设计师眼中却是天壤之别。

米兰达说："你不明白那条腰带不是蓝色的也不是青绿色，实际上它是天蓝色。这种蓝色曾经在时尚界制造了千万美元的价值。"

一种颜色就是一种态度。精致的人觉得属于他人生里的每一个部分都不能随意，而粗糙的人往往会在不经意间妥协了自己的全部。精致的不仅是一件衣服的款式或是一支口红的颜色，而是你对生活是不是还有热情和向往。

去年，接触了一个风靡一时的新行业——整理咨询师。

认识这个行业是从一本书开始的。这本书叫《怦然心动的人生整理魔法》，作者是日本人气整理师近藤麻理惠，入选过美国《时代》周刊全球最具影响力100人。她的学生去年还在国内专门开了整理课。而她这一生迄今为止都只在做一件事：整理。这项别人眼中不值一提的小事，在她看来却是可以重整凌乱生活、改变人生的大事。

人们常说，一个人的家里藏着他生活的样子。要想知道一个女人过得好不好，去她的家里看看就知道了。我认识不少女生，出门的时候风光漂亮，可是家里却乱作一团。而真正精致的女人，她的家真的会像电视剧里一样。

比如 Sisi，她在公司旁边的一个老旧小区租了个一居室。但即便是租来的房子，她也一点不凑合，每次搬家之后，都要把房子粉刷一新，阳台上有各种花草，还养了一缸漂亮的热带鱼，她家的角落里有一个咖啡台，上面有她花了几千元买的意式咖啡机，墙上挂着马克杯。每个周末，她都坐在阳台的摇椅上一边喝咖啡一边看书。

这么多年，她都是身边那些单身姑娘的骄傲，因为她比任何人都过得滋润。

很多人的精致是做给别人看的，如果在那些别人看不见的时刻都过得精致，那才是你对生活最真实的态度。

一个人如果想要日子过得好，首先得对生活有追求、有热情，而热情往往毁在"随便"这两个字上，今天你随便吃一顿饭，明天随便买件衣服，后天就会随便嫁个人，随便接受一种自己不喜欢的生活。那么，随之而来的，一定是一个老天随便给你的人生。

所以，女人过得越精致就会越幸福。

会讲究，能将究

大学毕业第一个单位是一家咨询公司。那时的老板Jasmine
是一个新加坡人，将近50岁还单身一人，来北京工作已经近十
年了。

刚入职的时候，我对Jasmine没有什么感觉，她整天埋头工
作，打电话，回邮件，很少见她去外面的餐厅吃午饭。因为当
时我还是菜鸟，很少和她直接接触。但所有老员工都对她赞不
绝口，说她人好能干，什么都会。客户对她也是不离不弃，就
算跳槽客户也跟着她继续合作。

我一直不理解，Jasmine的性格，在咨询行业绝对是个另类，
不善言辞，公司组织聚餐的时候她都默默一个人吃东西，听大
家讲话，只有偶尔有人问她几句，她才回答。

我对Jasmine的了解仅限于此，直到有一次，Jasmine给我
上了走进职场以来最重要的一课。因为客户赶飞机，我们不得
不在周末赶出一份宣传用的PPT文件，这种工作通常都是BD

部门负责的，但 Jasmine 叫我来加班，我心里是有些不情愿的。

而让我周末加班，客户也感到非常抱歉，他表示你不用花太多时间去做，这个 PPT 只是他们公司存档和内部审阅用的。周末加班再加上合作时间很长的客户关系，我就从公司系统里随便找了几份样本，拼拼凑凑大半天弄出了一份 PPT 交差，但是因为第一次和老板合作，我也不敢掉以轻心，检查了好几遍才交工。

过了大约一个小时，Jasmine 把我叫到办公室，我看见她的桌子上放着打印出来的 PPT 文件，上面标满了手写的符号，错别字、标点符号、字体大小，甚至字与字之间的空格有几个都标了出来。如果文件也有生命，那就像是把它脱光衣服吊在城门外的感觉。Jasmine 看了看我，只是跟我说，按照这个改改，下次记得把文件打印出来再多看几次。我当时真的只想找个地缝钻进去。

如今已经过去快十年了，那一天的场景我依然记得清清楚楚，在我从乙方变成甲方之后，我才能真正了解为什么在这个以"忽悠"著称的行业里，有一大批客户追随 Jasmine 这么多年。做一件事，是不是用心，一眼就能够看出来。你或许可以用各种花哨的技巧让别人认识你，但是让别人认可你的永远只能是实力和态度。在任何行业里，挑剔，都是一种美德。

Jasmine 的挑剔在业内是有名的，也正因为如此，更多的人信任她。前几天和前同事们聚餐，听说 Jasmine 退休了，还是一个人，回新加坡买了一栋乡下的房子，自己种点菜，浇浇花，没事的时候就去当地的小学里教教中文。大家都在八卦为什么她始终都没有结婚，甚至还有人对她恶语相讥。但我知道，Jasmine 对待生活和她对待工作的态度是一样的。我相信，以 Jasmine 的头脑和人生经验，找一个人生伴侣何其容易，但她还是尊重了自己的"挑剔"。很多人可能觉得 Jasmine 的选择是那么的勇敢，但对她来说，这大概就是一种自然而然的生活方式，挑剔，已经成了她人生的一部分。

有时候，我们经常喜欢把自己分割成生活中的自己和工作中的自己，但其实，我们很难真的做出这种划分。你在工作中的态度，就是你看待生活和自己的态度。这就是为什么有些人可以事业生活双丰收，而有些人却一事无成。你是谁，你将成为谁很大程度上取决于你以什么样的态度对待人生。职场中，你所上交的每一份文件，生活中，你所做出的每一个选择，都是你的标签。

说起挑剔这件事，又想到最近看到关于星巴克 VIA 的故事。相信很多人都喝过 VIA，但却很少有人知道 VIA 背后的故事。VIA 的创始人瓦伦西亚是一位细胞生物学家，他在免疫疾病领域研究出了一种冻干的方法，方便医护人员抽血化验后，可以长期保存细胞。

瓦伦西亚也是一个登山爱好者，他在休息的时间里特别喜欢和太太去登山远足，两人非常热爱现磨咖啡。但是在爬山的时候，因为不能带着咖啡机，他们只好喝速溶咖啡粉，但是速溶咖啡的口感远远无法达到现磨咖啡的水准，这让他们很苦恼。

　　于是他们想尽办法，突然有一天，瓦伦西亚想到为什么不能把医学领域的冻干技术用在咖啡粉上呢？于是他把自己的家里变成了实验室，开始研制速溶现磨咖啡，经过很长时间的试验，终于成功研制出了口感媲美现磨咖啡的速溶咖啡粉。

　　他将咖啡粉的小样送到各大咖啡公司，其中也包括星巴克。星巴克的 CEO 霍华德在尝试了这款咖啡粉后赞不绝口，对瓦伦西亚的这个尝试也是兴致满满。两人后来成了好朋友，星巴克斥资打造了一支科研团队来研究如何将这项技术应用于批量商业生产。研发团队几经努力，终于克服了各种障碍，最终在瓦伦西亚去世前攻克了最后一道难关，而这种咖啡粉也以瓦伦西亚的姓氏（Valencia）的首位字母来命名，就是我们现在喝到的 VIA。

　　世界上有多少人能够为了一口咖啡的口味而投入一项新技术的研发呢？很多时候，我们都习惯了喝着将就的咖啡，吃着将就的早餐，过着将就的人生。

　　李欣频曾说过，热情，是创造力的首要条件。而挑剔，是激发热情的一股原动力。一个没有热情的人，缺少进步的动力。

正因为我们都习惯了过着缺少热情的生活，才更需要向这些挑剔的人致敬，是他们的不满足，让我们的世界进步，让我们的生活充满了各种可能性。

你付出了那么多，却败在穿着随意上

公司年初来了一个实习生，名校在读。人很聪明，任劳任怨，大家都觉得给他转正肯定没问题，没想到却被老板一句话挡在了门外。

我们都挺意外的，不是因为他没能留下来，而是因为老板怎么会知道他。平时，很少有人能和老板搭上话，我们都好奇，中间隔着那么多层级，他是怎么成功引起老板反感的。

答案是一双拖鞋。

公司里不少人都藏有一双拖鞋，晚上加班的时候换上，很舒服。虽然公司有严格的着装规定，但加班时间穿穿拖鞋并没人监督，而他的不幸是恰巧被老板发现了。

据说，那天晚上十点多，老板带着几个客户到办公室谈事，在楼道里不期而遇，悲剧就在惊鸿一瞥中发生了，他连解释的机会都没有。

同事们都说他运气太差。他摇摇头说是自己不好。还好，他足够清醒，知道自己犯了傻。

人与人之间第一印象的产生只需要 45 秒，而这个印象并不仅是你的外在形象，也是别人对你内涵的判断。而这个形象可能你要花四五年的时间才能扭转，前提是对方还要有足够的耐心和时间了解你的内心，难度不小。

衣服的作用已经不再局限于御寒蔽体，它开始承担越来越多的社交功能。"先入为主"的观点的确是一种思维偏见，但是你无法消除这种偏见带来的影响。

心理学家做过一个实验：给两个学生 30 道题，让他们刻意只做对一半，但是 A 学生做对的题集中在前 15 道，而 B 学生做对的题集中在后 15 道。结果，大多数评分的人认为 A 学生更聪明。这就是第一印象的影响力。

想想看，考试的时候，是不是第一道题总是影响你的发挥？所谓社交，本质上说，不过是一种面试，而第一道题就是你的衣着打扮。

有些人说：我才不在意别人怎么看待我的衣着，我要用实力证明自己。以前，我也是这么想的，买衣服要花钱，选衣服浪费时间，怎么想都觉得没必要又不划算。还不如好好修炼自己的内在。

后来，一个同事跟我说，衣服穿得好，往往能事半功倍。他自己就是一个受益者。

过去，他也是个随性的人，穿衣服从来不讲究，搭配更是不懂。每次女朋友劝他穿得像样一点，他都说男人不讲究这个。可就是这一点随意，让他在职场吃了不少亏。身边那些穿着讲究的人，总是轻而易举地得到一些好机会，而他却要埋头苦干无数个日日夜夜，把策划案做得漂漂亮亮，客户却总是挑三拣四。

后来，老板教育了他一番说："你对自己都不上心，怎么让别人相信你会对他们的事上心？你也是 PPT 里的一页，你是产品最重要的一个 slogan。"

于是，在老婆的帮助下，他从上到下来了个大翻新，每天早上多花了点时间在穿衣服上，工作效率竟然神奇地提升了。客户开始不再让他一遍遍地修改方案，而是相信他的眼光。也因为相信他是个有要求的人，所以不再没完没了地拉着他讨价还价。

他说自己这才想明白了，让自己穿得讲究一点，不是为了迎合谁，让谁喜欢，而是为自己赢得更多的时间和精力，去做好产品，而不是纠缠在客户关系里。

很多人觉得一定要做一些惊天动地的大事才能让别人印象深刻，但往往人与人之间的差别都在一些细节里。穿得讲究一点其实是用小成本换大收益。

生活里，一些注重精神世界的人不太在意穿着，甚至鄙视那些喜欢穿衣打扮的人。好像内在美和外在美是一对天敌。我很不认同，要知道连孔夫子都是个讲究穿衣的人，你怎么好意思说凑合就好？

杨绛先生在《走在人生边上》说起孔子的日常起居有多讲究："食不厌精，脍不厌细"，饭煮煳了，他不吃。饭煮得夹生，他也不吃。穿衣服更是如此，红的紫的不做内衣。喜欢素色。夏天穿了薄薄的绸衣，必定要衬衣，冬衣什么色儿的皮毛，配用什么色儿的衣料，例如黑羔羊皮配黑色的衣料，白麂皮配素淡的衣料。家常衣服，右边的袖子短些，便于工作。睡觉一定要穿睡衣，睡衣比身体长一半，像西洋的婴儿服。

很多人说自己在意生活，却不肯给自己选一套衣服的时间。一个人的穿着打扮里其实是他对生活的姿态，穿着不讲究的人往往对生活缺少一种热情。

衣服和人之间有一种微妙的关系，你对它多一点关注，它就反馈给你好一点的心情。

蒋勋在《美学四讲》中这样写道："一件你喜爱的衣服，真的像一位好朋友，有时候也像个爱人。有几件纯棉的白衬衫跟纯棉的卡其裤是我很喜欢的衣服，让我觉得有长久穿着的记忆在里面，对它们会特别花一点心血。我舍不得用洗衣机去洗它们，怕会变形，所以总是用比较好的洗衣精泡着，有空的时候用手去揉搓干净，我觉得那也是一种快乐。"

生活里，你肯定发现了，穿得好一点，心情都会不一样。穿得好一点，底气也更足了，更愿意和别人说话，也无形之中多了很多让别人了解自己的机会。

这几年，我发现人们对穿衣有一些极端的看法，觉得穿得讲究就是买名牌。但其实，穿衣讲究的是品位和品质，而不是品牌和价格。

无论是对别人的尊重还是对自己的关心，都能从穿衣这件小事上看出来。有时候，你付出了那么多努力，却败给了一副不在意的模样，真的不值。

就算长得不漂亮，也不用跟长相较劲

　　有一天，在洗手间听到两个女孩聊起一部偶像剧，剧情恶俗，主演似乎也没什么演技，可她们就是聊得热火朝天，原因只有一个，主演颜值高。

　　雨果说，美貌是一张无言的推荐信。

　　朋友小白经常说，长得好看，不仅是一封推荐信，简直是一张人生通票，大家排着队对你好；寂寞的时候，一群人等着陪你聊天；困难的时候，很多人怜香惜玉般都愿意帮忙；甚至出门逛个街，都有陌生人给你撑门。长得好看至少可以少奋斗二十年，如果再有点才华、有点情商，那就真的天下无敌了。

　　小白就属于长得普通，甚至不太好看的姑娘，尤其眼睛特别小，从小到大因为这件事没少吃亏。小时候，逢年过节，和同辈的孩子们一起去爷爷家玩，总能看见奶奶偷偷地给她表姐塞钱，因为表姐有一双水汪汪的大眼睛。

　　这几年，小白没少跟自己的脸折腾，割双眼皮、开眼角、打瘦脸针、激光护肤，学化妆，学穿搭，在变美这条路上勇往直前，朋友们都说她有点走火入魔了。

不知道是女大十八变还是后天的勤奋真的有用，她确实变美了，眼睛大了好多，脸小了一圈，皮肤水水嫩嫩的，没人相信她快 30 岁了。

然而，她期待的那种被优待的日子却没有到来。相反，生活变得越来越不顺心，还一直换工作。每次她都说，这份工作没前途，被老板忽视，被同事冷落。

有一次，我托朋友帮小白介绍了一份工作，是个大公司的小行政，虽然职位不高，但平台好，以后说起来体面，也能认识不少优秀的人，更何况有自己人罩着。所以拜托朋友极力帮她争取，终于成功。我心想这次她肯定能有个稳定的工作了。

结果，两个月不到，小白又辞职了。这次更麻烦，朋友直接来找我兴师问罪，质问我怎么介绍一个这么不靠谱的人。小白在我心里从来不是个不靠谱的人，她最多只是爱美而已。朋友却说，公司行政有时候要清点一些库存，让她搬点东西就扭扭捏捏、推三阻四。同事聚会吃饭，她总是迟到，让别人等，前几天公司组织出行，还差点误了飞机。

结果可想而知，她又辞职了。

为此，我郑重其事地找她聊了一次，她就给了我一个结论，自己还不够好看，所以大家都不愿意迁就她。要是范冰冰约会迟到，他们肯定不会再说三道四的了。

渐渐地，她身边的朋友也越来越少，大家聚会都不想叫她，来了也只会说好看的人才会被爱之类的话。她却依然觉得是因为自己不好看。

长得好看是很重要，追求更美也没错。但是，生活里，一时得宠拼的是容貌，一世得宠拼的却是人品。长得不好看，让自己情商高点，也不会成为社交"毒药"。这个世界上明明有那么多长相平凡却被深深爱着的姑娘。她们聚会永远第一个到，从不让别人等，不时幽默地自嘲，也从不介意被人当作女汉子。

非要把人缘差归咎于不好看，实在有点说不过去。

其实，长相问题困扰的并不仅是平凡人，长得好看的人也有困扰。

我们公司有个 90 后小美女，公司门面，每次出去拉项目、开推介会的时候，一定要带上她。为此，招了不少人的闲言碎语。公司里时不时地会传出她的流言，常年谣传她整过容，偶尔说她傍上了哪个大款，给谁当了"小三"。说实在的，长得好看确实容易受委屈，特别是在一个女同事多的公司里。

每次看见她都是一副委屈的样子，特别是听她说了自己的顶头上司是个快 40 岁还没结婚的女人之后，我对她的同情溢于言表。

直到一次机会，我和她口中那个嫁不出去的"变态上司"

合作一个策划，我才发现自己被骗了这么长时间。那才是一个我心目中的人生赢家，热爱生活，既能一个人做饭，又能和一群人泡吧。工作上，完全是大姐范儿。事儿做好了，全组分钱。事儿做砸了，她一个人承担。生活上，人家也不是没男人，不想结婚而已，竟然被小美女说成嫁不出去。

后来我听说，这个小美女几乎天天犯错，大到合同里写错金额，小到开会定错时间，别人一批评，她就觉得人家嫉妒她长得好看。

美貌容易屏蔽人的双眼，长相平凡的人费尽心思变得好看，长得好看的人又无法摆脱内心的优越感和长久以来容貌带来的优越感。

但是，说实话，人缘儿这件事，和长相的关系很有限。长得好看，是一块敲门砖，顶多让别人愿意听你多说两句话。但是最终，你们能不能成为朋友，对方又是不是真的愿意帮你的忙，还是看你的本事。在我看来，大部分人缘差的帅哥美女都有人品或者性格上的缺陷，而这种缺陷真的很难被颜值拯救。

如果你问一个女孩，有两个男人让你选择，你想和谁过一辈子。其中一个颜值高，平时装酷不说话要你哄，一开口就把你噎个半死。出门什么都不管，觉得靠一张脸，上车都不用检票。另一个长相平凡，却总是能在你闹心的时候逗你笑，时不时地来个暖心早餐。每次出门都安排得妥妥当当。

我想，成熟睿智的姑娘都会选择后者。如果把一个人放进一辈子的规划里，和性格、情商比起来，长得好看就不算太大优势了。

　　我们喜欢把颜值颇高的男女称为"神"，但是普通人和"神"之间的差距未必就是一张脸。每个人都是全方位的个体，这就是为什么明星们都要变得亲和友善，性格太差，容易被黑。有些人一张嘴，颜值瞬间降低了好几个档次。

　　就算长得不漂亮，也不用跟长相较劲，每个人都有缺陷，所谓人生赢家，无非是放下了这些缺陷，把优势发挥到极致而已。

　　所以，要想被人喜欢，你得全面提升，做一个有魅力的人，而不是只有漂亮的脸蛋。

爱读书的人善于找到三观契合的恋人

以前，我写过一篇文章，讲了一个女孩在读书会认识了她老公的故事，在后台收到了不少留言，有人感叹自己当年怎么没好好读书，只顾着泡吧聚会，在名利场认识了现在的老公，结婚之后却发现，他的眼里只有钱。也有人下定决心打起十二分精神，好好读书，然后问我要了一堆书单。

连闺蜜都跑来跟我说："我觉得你说得太对了。我将来一定要让我闺女好好读书。"

果然，一说到恋爱结婚这个话题，所有人都变得神采飞扬。说实话，在读书的诸多好处中，我觉得找对象才是最靠谱的一条。毕竟，与什么样的人为伴，直接影响生活品质。

你读什么样的书，就会爱上什么样的人。你爱上什么样的人，就过什么样的人生。

好友默默从小就是书虫。我们认识很多年，小时候，邻居亲友看见她都会夸奖她，这孩子真爱读书，将来肯定能成大事。

可结果，她没成什么大事，唯独近视的度数一年比一年高。我是个爱读书的人，可她喜欢的那些荒诞小说、黑色幽默，我也看不下去。

她从没试图说服我喜欢她那些书，只是沉浸在自己的小世界里。你懂的，爱读书的人多少有点孤僻。但这也成了她婚恋问题的一个巨大阻碍，让她从爱学习的好孩子摇身一变成了大龄剩女的反面教材。谁见了她都忍不住劝，咱别光顾着看书了，该出去找个对象了。

大家是叫她出去参加社交活动，多认识点朋友，那是传统意义上解决大龄剩女婚恋问题的阵地。也有不少人给她介绍对象，她总也看不上眼。每次相亲，只要问一个问题，她就知道对方是不是她要找的人："你平时看什么书？"

我也经常笑她读书读傻了，甚至一度认为像默默这种精神洁癖的人容易孤独终老。但我们都错了，她后来遇见了一个令她欣赏的人。他们是在某个论坛里认识的。真的非常扯，但两个人就是一拍即合，去年还结婚了。

这两个人都说，他们找对了人。

果然是，你读的书里藏着你爱的人。其实，默默是个聪明又理性的姑娘。她知道怎么样判断一个人是不是能和她白头偕老，因为你读什么样的书，对人生就有什么样的领悟，而这些领悟就是三观。

有一个三观合拍的伴侣有多爽，有一个三观不合的伴侣就有多遭罪。这一点，越早看清越好。

喜欢读书的人其实更理性，而理性的人更容易幸福。他们不会漫无边际地去寻找那些道不同的人，也不会轻易接受那些别人眼里门当户对的婚姻，他们很清楚精神上的匹配才是幸福的保障。

朱生豪和王小波两个擅长写情书的男人，他们广为传唱的爱情都和读书有点关系。

朱生豪说："醒来觉得甚是爱你。这两天我很快活，而且骄傲。"

王小波说："爱你就像爱生命。"

虽然看着肉麻，但摊上谁恐怕都是非常受用。

朱生豪这辈子只爱过两个人：莎士比亚和宋清如。因为这辈子的文采几乎都用在翻译莎士比亚的名著和给宋清如写情书上了。

而宋清如也是个奇女子。被誉为"不下于冰心女士之才能"的女诗人。生在富贵之家的宋清如，受"新思潮"的影响，抵抗家里的包办婚姻，喊着"我不要结婚，我要读书"的口号，一路杀进了之江大学。

两人在之江大学的"之江诗社"结缘。宋清如喜欢写新诗，但她不懂传统诗词的平仄，而诗社里有很多古诗词高手，她写了一首"宝塔诗"作为参加诗社活动的见面礼。朱生豪看了看没有说话。但正是这首诗打动了他，两个人开始通信，切磋诗词。平时不爱说话的朱生豪写起情书来却是个高手，很快，两个人就确定在一起。

很多人说，他们的爱情可以用一句话来形容，爱你就像爱上一首诗。

我想，如果没有她当初的见识和魄力，她可能早就嫁为人妇，做了一个富贵人家的阔太太。如果没有他的造诣和眼光，也不会一首诗就相中一个可以和他灵魂相伴的人。

另一个就是王小波了。王小波和李银河的故事大概已经街知巷闻了。不过他们相识是因为王小波的小说手稿《绿毛水怪》。我印象最深的是，李银河提到这段往事的时候说："我是因为看他的小说认识他的。他那篇《绿毛水怪》跟我很投缘。当时在另一个朋友手中拿到的，看完后，我觉得早晚一定会跟这个人发生点什么。"

因为文字而相爱的人，多少都有点灵魂伴侣的潜质。

放眼身边，你一定可以发现，读不同书的人拥有完全不同的爱情和婚姻。喜欢看言情小说的人，享受爱情表面上的你侬我侬。喜欢读哲学、心理学的人，却每天都在问，我们到底为什么结婚。有人喜欢物质上的满足，有人需要精神上的陪伴。有人享受激情澎湃的爱情，有人喜欢细水长流的陪伴。

这些很大程度上都和读书有关。

读书会改变一个人的气质，而读不同的书，气质更是千差万别。而你是什么样的人，就会吸引什么样的人，这是世界上最简单的一种规则。而你吸引来的人就会成为你未来另一半的候选人。

读书也会影响一个人的婚恋观。不知道你有没有这种感觉，有时候，看书的时候，你会不自觉地思考自己对爱情和婚姻的看法。而那些书里传递的观点和想法不仅潜移默化地影响着你看待整个世界的方式，同时也会激发你去拷问自己到底想要什么样的婚姻和人生。

读书很重要，读什么样的书更重要，它能决定你是像浮萍一样活在生活表面享受激情和陪伴，还是深潜到人生深处，去寻找一个灵魂伴侣。而这一点差别就会决定你下半辈子的生活。

敏感，不是什么坏毛病

前几天坐公交车，不是上下班高峰，路上的车不多，车里的人也不多，但司机好像赶着下班似的，把车开得飞快。

这时，车厢后面突然传来了一阵争吵，两个小姑娘吵起架来，售票员赶忙去劝架。我仔细听了听，原来是两个人都准备下车，都站在了后门口，司机开得左摇右摆的时候，其中一个女孩总是不小心碰到另一个女孩的身体，后者勃然大怒，怒斥前者为什么不能站远一点。被骂的女孩愣了半天才明白怎么回事，然后开始回骂。

显然，两个人的敏感程度差别很大。

很多人都有这种感觉，在拥挤的地方，人很容易烦躁，除了空气流动差，还有一个原因就是要和陌生人接触。这种接触对于很多人来说都是很要命的，比如我，所以我每天都是步行下班，哪怕汗流浃背地走一个小时，我也不要那种人群接触的感觉。

而对于那些根本不可能走路上班的人来说，每天早晚的肉搏战避无可避。经常看到挤公交和地铁的时候，一群人挤向狭窄的车门，后面衣着整洁的白领厌烦地看着等着那些人。不是想说素质，而是想说敏感度。跟我一起下班却不得不坐公交车的男同事常苦笑着说，想回家就得忘了身体是自己的，每天不知道要死多少细胞。

　　敏感，是很多人的毒药。身体的敏感可以靠距离感知，但是心理上的敏感就像一种无药可治的病。就像人们常说的玻璃心，伤人伤己，既要在人前假装大度，又要在背后安慰自己，即使无数人劝你没有人针对你，你还是会觉得很受伤。

　　身体上的敏感和心理上的敏感通常是分不开的，就像我那个咬牙挤公交车的男同事 H，也是个敏感的人，常常紧张兮兮，精神压力很大，有人反驳他的想法和意见，或者忽视了他，他就会很受伤，有时几个同事相约吃午饭没有叫他，或者分东西的时候，没有留给他，他都会暗自神伤。

　　每天从办公室出来到公交站的那段距离几乎成了 H 的诉苦大会，我知道他不希望别人理解，只是希望有个人不要反对他，他找到了我。

　　这就是敏感人的优势，能在适当的时候找到适当的人，因为我也是个敏感的人，所以即使有不同意见，我也是婉转地表达或者沉默不语。即使是听惯了诉苦的我，还是感叹每天竟然有那么多让他受伤的事，陌生人的一个眼神，都会让他觉得被嫌弃。

敏感的人大多很善良。因为敏感，H 总能第一时间捕捉到同事的情绪，也了解每个人的心意，所以他每次出去玩给大家买的礼物都深受大家喜爱。也因为做事周全、心思细腻，老板总是喜欢让他安排聚餐和出游的活动，每次他都仔细询问大家的餐食喜好，尽可能让每个人都满意。

以前，我很不喜欢和太敏感的人在一起，大概是因为敏感的人并不适合物以类聚。直到有一次，公司来了一个新同事，是个刚毕业的大学生。那时候公司业务特别忙，每个人都焦头烂额，根本没有人在意新来了一个人。大概过了三四天，大家才想起新人还没有人带，我急忙愧疚地去找这个新同事，却发现在没人注意的这几天，H 把他照顾得好好的，中午带他吃饭，拿着名册给他介绍每个人，帮他熟悉环境，生怕他有被冷落的感觉。

那一刻，我觉得很温暖。人们都说，办公室是名利场，是战场，所以这样的温暖才弥足珍贵。从那天起，我便开始和 H 经常一起吃饭，一起下班。

有些看起来合拍的人用不了多久就会感觉形同陌路，也有些人看起来不讨喜，相处之后却觉得格外温暖。比如 H，虽然他一直很受伤，但他的抱怨里没有恨意，大多时间里他都在反思自己，努力地想让自己坚强一点。所以，我一直愿意听他说话，有一个重要的原因就是觉得挺心疼他的。

H特别喜欢对人表达感谢，即使是别人偶尔想到他的时候，他都觉得是对他好。他也时常跟我提起，从小因为敏感，他就是个很爱哭又很难安慰的孩子，但他身边总有一些愿意支持他的亲人和朋友，这是他在这个世上最大的感激。

在这个越来越疏离冷漠的时代里，敏感又成了他的解药，为新的关系破冰，也解救了旧有关系里的困局。

经常听人说，每个人生活在这个世界上都很累，谁也没责任义务承担另一个人的脆弱，所以要尽量远离那些玻璃心的人，他们的敏感脆弱就像在身边安置了一颗不知道什么时候会爆炸的炸弹。所以，敏感的人常常躲起来，每天质问自己千万次为什么这么脆弱，好像内心世界随时会崩塌。

敏感，并非什么不可饶恕的错误，人生而不同，每个人对他人的接受程度有所不同，是再正常不过的现象。敏感更不是缺点，它只是一个人手中的一把双刃剑，你可以用它向亲人和朋友索爱，也可以用它为别人带来关怀。你可以用它把自己围绕在一个舒适地带里责怪命运，也可以用它去观察生活、激发创造力。

以前，我也会评判自己的敏感，总是轻易地感受到气氛里的不舒服，洞察到每个人的情绪，这样的生活的确很累，既不能骗自己每个人都很在乎你，又不能对别人的心情视而不见，那时候感叹最多的就是难得糊涂。但写作改变了我对敏感的观点，它给了我很大的帮助，既让我看见那些容易被人忽略的生活琐事，又让我对生命有了一种深潜力，让我更加懂得活在这个世界上的痛苦，也能帮助更多的人。

此后，我还惊喜地发现，世界上很多成功的领导人、商人、作家都是敏感的人，他们可能也在生命的某个时刻里感觉很受伤，但是，他们还是找到了这种特质的用武之地。因为敏感，他们有一种得天独厚的优势，有很多人忠诚地追随着他们，他们了解合作伙伴的心意，也能写出扣人心弦的故事。

愿敏感如你我，都可以把毒药熬成解药。

活出一个全新的人生版本

有一段时间，朋友圈被《魔兽》刷屏了。我没玩过《魔兽》，但小时候痴迷过一类游戏：角色养成。中学的时候最喜欢的一款游戏叫《明星志愿》。在游戏里，你可以在天赋各异的女孩中选择一个作为游戏的女主角。游戏中，你要为女主角制订一个养成计划，她可以成为任何想要成为的角色，演员、歌手、主持人、家庭主妇，只要你按照既定的目标，为女主角安排每天的行程表，去上课、训练、参加比赛，约会不同的男主角。然后，人生就会如愿以偿了。

从《明星志愿》开始，我渐渐爱上角色扮演游戏。有些简单的，只要按照游戏中设定的规则打怪升级，轻松打发时间。有些难一点的，也可以轻而易举地在网上找到攻略。总之，游戏的世界里，你想成为谁，就可以成为谁。

小时候，爸妈总是说：好好读书，考个好大学，找份好工作，嫁个好老公。现实里，似乎也有一套和游戏里差不多的规则。

于是，我开始用玩游戏的方法来对待人生。但是，现实的世界比游戏困难了千万倍。以前玩"仙剑"的时候，走迷宫走不出去，就去找个攻略地图。打 boss 打不过去，就找个地方练级。生活里，却常常有一种感觉，被卡住了。

"卡住"是我能想到的最贴切的词，前进不得，后退不得，就像被困在了游戏的一个迷宫里，找不到出口，手中也没有地图。一心想要去决战大 boss 完美结束这场游戏，却发现一路上被一群小妖小怪困住了去路。

游戏里的迷宫，在生活里叫作模式。但模式比迷宫更难超越。

游戏里，当你迷路的时候，你会知道自己身在一个迷宫里，但在生活中，你可能根本不知道自己被困住了。所以，此时此刻，虽然困惑迷茫，我仍然庆幸，至少我知道自己被卡住了。

我有一个同事 S，不到 30 岁，大学毕业之后的短短几年，已经换了六份工作，平均一年要换一份工作，每次换工作的理由都是觉得太辛苦。因为 S 的学历、经验都很好，所以她从来不发愁找不到工作，相反，每次都是她挑工作。虽然每一份新工作看起来都比过去轻松，但是没过多久，又会变得辛苦，S 只好继续换。结果，换着换着，就换到了 30 岁。

我好奇地问她，我们这个行业本来就很辛苦，你换来换去也是在这个行业里打转，为什么不考虑干脆换个行业。

S 惊讶地看着我，恍然大悟。

她根本没想过还有什么其他的可能性，丰富多彩的人生活生生地被她过成了一条死路。

我们都不知道自己生活在一种框架里。一个新生儿呱呱坠地的时候，他的头脑空空，渐渐地开始学着用眼睛去看这个世界，去衡量这个世界。我们以为眼睛里的就是世界，却不知道那只是一个我们选择去看的地方而已。眼界就是框架，在这个框架里，我们看不见生命其他的可能性。

有人说，框架来自父母的教育、成长环境和社会规范，也有人说，框架是我们一生要突破的一个课题，我们的灵魂都携带着不同功课而来，因此，我们身上都已经被设定了不同的模式。

我有一个大学同学，永远生活在 Hard 模式里。同学们都喜欢叫她女战士，因为她总是在挑战自己。上大学的时候，所有文科生都被大学数学搞得头昏脑涨的时候，她跑去读了金融的第二学位。大学毕业了，所有人都跑去找工作的时候，她自己开了家公司。过了几年，所有同学都成家立业的时候，她找了个比自己小八岁的男朋友。我问她，为什么总是轻而易举地让自己陷入一个又一个复杂而困难的局面，她说自己也不知道，但在她看来，生命如同一场逆水行舟，不进则退。她也不懂，为什么有些人的生命看起来如此轻松自然。

我开始思考，是不是我们也把生命当成了一场游戏，在扮演角色时，仿佛有一只无形之手为我们选定了一个模式，简单、适中还是困难。很多人说，对于命运，我们无能为力。但或许，所谓命运，不过是我们自己挑选的一个版本。

前阵子看了一部美国电影叫《土拨鼠之日》。每年的2月2日是美国的传统节日——土拨鼠日。在美国人看来，土拨鼠是大自然的天气预报员。如果2月2日当天，是阴天，土拨鼠就会从洞穴里冒出来，那就表示春天会提前到来，但如果那一天是晴天，土拨鼠就会躲进洞穴，就表示冬天还会再持续一段时间。

电影的男主人公是一个气象播报员，他非常讨厌自己日复一日的工作，一天他去一个小镇进行土拨鼠日的报道时，发生了一件奇怪的事情，他永远活在了2月2日那一天。每一天，他都会遇到相同的人，重复相同的对话，起初，他很惊恐，但渐渐他发现可以为所欲为，因为他做的任何事情都不会有代价。但重复的生活依旧让他感到无聊，终于他决定转换一个版本，尝试着认真地去生活，以最好的状态面对这一天遇到的人，最终他得到了女主角的欢心，并且摆脱了永远活在这一天的魔咒。

想想生活中的我们，是不是和故事里的男主角一样？看看周围，那么多人在抱怨生活的无趣，其实最大的无趣，就是我们把每一天都过得一模一样。你的脑海里是不是也经常浮现出"了无生趣"这四个字，或许是生命在提示我们去改变，我们却依旧执意留在旧版本里。

框架是一种界限，而真正的生命是没有界限的。如果说，那个旧有的版本是我们出生前就被设定好的，那么我们随时可以像游戏中一样重新再来一次。很多时候，我们放不下过去积累的一切，是因为我们总以为，厚重才能支撑理想生活。就像在沙漠中行走的我们，紧抓手中唯一的那一瓶水，却不知道，其实我们一直生活在绿洲之上，周围的沙漠只是一个幻觉。那个绿洲的源头就是我们自己。

唯有信任自己拥有随时可以重新起航的能力，我们才可以放下过去的成功与失败。很多人经历了挫折之后，变得小心翼翼，却很少去相信，每一次成功的战胜挑战，都是在证明我们具备了应对未知的能力。

活出一个全新的人生版本，需要去尝试去感受

当发现自己生活在一个游戏角色里，你或许会开始思考，这个角色是不是你喜欢的，你有没有想要重新来过的念头。与其去苦苦寻找生命的意义，不如去想想你该如何选择。生命质的飞跃，需要的是意识的转换，而转换，需要的是我们重新选择。

去倾听自己的感觉，头脑会欺骗你，但是身体不会。给我做

"艾灸"的一个治疗师常常抱怨，每次问病人感觉怎么样，听到的都是三个字：没感觉。甚至有时候，她明明已经感受到了病人身上的温度，他们还是会说自己没感觉。那个被我们遗忘的感觉，需要我们慢慢去寻找，去尝试，在生活之中，不用头脑思考，而是去感受，看看你的身体有什么反应。有没有遇见一个人，某一个部位就会开始紧绷？有没有做一件事前，就莫名胃痛？这或许都在告诉你，此时的你，并没有遵循自己的心意。

每个人都应该出去走走，去看看这个世界

有时候，我们被限定在一种生活方式里，是因为我们周围的人都是这样生活，父母、老师、同学和朋友都跟我们遵循着同样的生活轨迹。因此，熟悉的人和环境无法为你提供新的视角去看待这个世界，这才是旅行真正的意义。

在一个古老的村落里，你或许会发现，原来人们没有电视、电脑、手机也可以生活得很好。在一个偏僻的乡村里，你会发现，原来走路可以不穿鞋子，赤脚踩在草地上的感受是如此的美妙。在一个热带雨林里，你会发现，原来人们可以和动物生活得如此亲密。一路上，你会遇到不同种族的人，会发现各种美食，各种生活方式。原来，不是所有人都会选择生活在写字楼的格子间里，也不是所有人都会选择生活在拥挤的大都

市。当那些你深信不疑的信念松动时，你才会开始看见其他的可能性。

挑战新鲜的生活

一个朋友，曾经进行过一场为期 21 天的实验，每一天都会去尝试做出一点小小的改变，走一条不同的路，点一道从没尝试过的菜，或者和一个陌生人聊天，总之，她给了自己 21 天去感受生活中哪怕只有一点点的不同。她说，以前她不知道，原来每一天真的可以过得不一样。

长久以来，我都喜欢步行或者开车上下班，但后来，朋友跟我说："坐出租车也是一件有趣的事情，因为司机会给你讲很多不同的故事。"于是我在一段时间里，都会选择打车上班，没想到一辆小小的出租车里尽是生活百态。司机们大多很健谈，他们会给你讲述自己的生活，有的司机说自己是以玩乐的心态在工作，也有的司机说自己每天一睁眼就开始还债。你会发现，即使从事着完全相同工作的人，都在以不同的版本生活着。这仿佛也是生命在提示我，去跳脱旧有的版本。

如果你认为生命无法承受一个巨大改变所带来的冲击，那就从生活一点一滴的小事开始，感受下那些不同的细节可以给心灵带来怎样的改变。

我们的头脑，就像电脑一样，需要常常清理，甚至重置，才能保持一种全然开放的心态。打开了心，我们才能打开眼界，然后，打开这个世界。如果你把人生看作一场 RPG 游戏，当你发现自己被生活卡住了，有多难呢？重新开始就行了！

成为你自己，是最好的成长方式

　　前两天和认识很久的闺蜜聊天，我们两个是高中同学，在人生最美好也最困惑的时期相遇，互相陪伴。她是个简单得像一张白纸一样的姑娘，过着看起来平淡得有些乏味的人生，上大学、工作、结婚、生子，一切发生在她身上都显得如此自然。

　　她偶尔抱怨，却从来不纠结。大学报志愿的时候，几乎所有人都踏破了各科老师的家门，她却填报了一所外地的警校。大学毕业，她被分配到北京工作，后来认识了现在的老公，今年又要准备生宝宝。在我的朋友里，她绝不属于风光的，连出彩都说不上，甚至经常是被圈漏了的那一批。但她却是我最羡慕的那一类人，在一个看不见的角落里，过着独一无二的生活。

　　每次，遇到想不开的事情，我都会找她聊天，她永远不会跟你高谈阔论，因为那些她根本不知道，反而是我这个倾诉者滔滔不绝地给她讲道理。她只会跟你说，今天又买到了什么好东西，学到了什么新技能，听见了什么有趣的新闻……那些在我看来都是琐碎得不值得一提的小事，总能被她说出新花样。

对我而言，她就像是一种娱乐节目式的存在，轻松减压。她嘴上总是说羡慕某某人的生活，却依然过着自己的小日子。我们很少谈论人生，她讨厌这种沉重的话题，但是，显然，她已经拥有了自己的生活，她就是作家木心口中说的用自己的快乐证明世俗快乐不是万能的艺术家。那些被我们称作人生、成长、幸福、痛苦、情绪、创伤的东西，最终都会融入那一束叫作"自己"的光芒之中。

人类哲学史不知从何时开始关注自己，但苏格拉底那一句"认识你自己"还是标志了古希腊从神到人的转变。这句话传诵了千年，却依然被奉为神谕，因为不易，才被远远地挂在天边，就像人们歌颂月亮和青草，却从不谈论自己。但认识自己却是成为自己最根本的条件。在找寻自己的路上大体有两种人，不停地询问和不停地摸索，前者停留在头脑中，后者迷失在现实里。只有当你找到了自己，你才有可能按照自己的心意去生活，每一个生命都是如此独一无二，因此任何的成长都是无法复制的。

当我们看不清自己时，就会把许多他人期望的样子错当成自己。有些男人说想要成为百万富翁，但或许他只是渴望别人的羡慕与认同。有些女人说想要嫁给一个完美的男人，但或许她只是害怕独自一人无法承受生命的重担。人们常说，爱情中最美的状态就是舒服，但事实上，除非你跟自己待在一起很舒服，否则你和这个世界中的任何人都无法和平相处。大部分时间里，大多数人选择将自己遗忘在忙碌工作与娱乐生活中，直到有一天你发现，那些被遗忘的自己聚集而成的阴影，变成了一个巨大的黑洞。

但不必绝望，因为这个黑洞的尽头仍有一丝光芒，那些被我们称为危险的时刻，就是我们寻找自己的机会。

讲一个关于兔子的故事。从前有一只兔子，长了一双大脚，和所有的兔子都不一样，它不知道自己是谁，也不知道应该在哪里，吃什么，更不知道这双大脚可以用来做什么，直到有一天专吃兔子的黄鼠狼来了，大脚兔子用它神奇的大脚踢飞了黄鼠狼，保护了自己的同伴，最终和小兔子伙伴们幸福快乐地生活在一起。

这个故事来自著名的儿童绘本《我不知道，我是谁》，这只兔子叫达利B。很多人也像达利B，因为一双大脚而迷失自己，生活有时就像我们的天敌，带来了巨大的危险和转机，就像尼采说的，人靠自我对立而创造。

以前，我总喜欢跟人说，去想想吧，你到底想要什么样的生活，到底想要成为什么样的人。但我渐渐发现，头脑太容易迷惑我们。有时候，我们把成为自己当作不愿前行的借口。现在，我会说去看看这个世界，不要再为无法前行找借口，即使此时此刻的你还无法得到梦想中的生活，即使为了生活，你必须接受一份不满意的工作。但时间永远不会辜负我们，那些沿途上遇见的讨厌的人和事，都是为了让我们看清自己想要成为谁。

　　达林是纽约的一名年轻歌手，他在很长一段时间里都没办法成功进入音乐圈。他从一家唱片公司走到另一家唱片公司，劝说他们为唱老式流行曲的他录制一张唱片，他被拒绝了，因为没有人相信音乐界会接受一个不知名的年轻歌手唱老式流行歌曲。达林非常沮丧，决定为自己录制一张唱片。但他没有钱。于是他坐下来，写了一首和当时流行音乐非常相符的歌曲，赚得了人生的第一笔钱。达林将自我放在一边，只是录了一张可以卖出去的唱片。接下来的几年，达林一直致力于流行音乐，越来越多的人开始认识他，他却越来越迷茫，直到有一天，他青年时的音乐同伴提议重录一张老式流行歌曲唱片，他才重新找回对音乐的热情，最终这张唱片不仅帮助达林突破了事业的瓶颈，更将老式流行歌曲推向了另一个高峰。

　　有时候，"自我"会遭到现实的狙击，我们或许都需要向现实妥协。但是，永远别忘记，妥协或许可以让我们成功，但最终成为你自己，才是最好的成长方式。